REVUE INDUSTRIELLE

DE L'ARRONDISSEMENT

DE St-ÉTIENNE,

SUIVIE

DE L'INDICATEUR DU COMMERCE DES ARTS ET DES MANUFACTURES DE SAINT-ÉTIENNE.

AVEC LE PLAN DE LA VILLE ET LA CARTE DE L'ARRONDISSEMENT;

Par Ph. Hedde,

MEMBRE DE PLUSIEURS SOCIÉTÉS INDUSTRIELLES.

TOME I

H. Monnier

SAINT-ÉTIENNE,

TYPOGRAPHIE DE FR. GONIN, 4, RUE DU MARCHÉ.

1836.

V.

V

Ⓒ

REVUE INDUSTRIELLE

DE L'ARRONDISSEMENT

DE St-ÉTIENNE,

SUIVIE

DE L'INDICATEUR DU COMMERCE, DES ARTS ET DES MANUFACTURES DE SAINT-ÉTIENNE.

AVEC LE PLAN DE LA VILLE ET LA CARTE DE L'ARRONDISSEMENT ;

Par Ph. Hedde,

MEMBRE DE PLUSIEURS SOCIÉTÉS INDUSTRIELLES.

TOME I.

A SAINT-ÉTIENNE,

Chez JANIN, Libraire, rue de *Foy.*

A LYON,

Chez Aug. BARON, Libraire, rue *Clermont.*

1836.

TABLE DES MATIÈRES

Contenues dans les deux premiers volumes de la Revue industrielle
de l'arrondissement de Saint-Etienne.

Le dépôt a été fait conformément à la o

Ph. Hedde

INTRODUCTION.

L'*arrondissement de Saint-Etienne*, à peine connu il n'y a pas un demi-siècle par quelques mines de houilles peu importantes, et par ses fabriques d'armes, de quincaillerie et de rubanerie, attire aujourd'hui l'intérêt de l'ancien et du nouveau continent.

C'est surtout depuis que l'on a construit des *chemins de fer*, qui établissent des communications directes entre l'Océan et la Méditerranée, et depuis que les grands établissemens pour le traitement des métaux, à l'instar des procédés Anglais, ont signalé à la France entière l'heureuse époque de l'affranchissement du tribut qu'elle payait à l'industrie étrangère, que l'arrondissement de Saint-Etienne est devenu le rendez-vous de tous les hommes jaloux de la prospérité nationale.

Des hommes distingués par leur savoir et par le rang qu'ils occupent dans la société, entreprennent chaque jour de longs voyages, dans le seul but de visiter ce que renferme d'intéressant une contrée près de laquelle ils auraient passé naguère sans détourner leurs regards. Et c'est, on peut le dire, un besoin pour l'ami des arts et de l'industrie, de venir étudier ce pays, que l'on pourrait considérer déjà comme la terre classique de l'industrie française.

En effet, c'est dans cet arrondissement, dont la superficie égale à peine la 530.me partie du territoire français, qu'ont été construits les trois premiers chemins de fer établis en France, qui font usage de toutes les forces motrices connues jusqu'à ce jour, et où sont mises en activité plus de 160 machines à vapeur, représentant les forces réunies d'environ 4,000 chevaux-vapeur.

Aussi tout le pays compris entre St-Etienne et Lyon est sans contredit le plus remarquable qui soit en France, et peut-être en Europe, pour son activité industrielle ; et on trouve peu de localités qui réunissent dans un si petit espace plus de moyens de produire *le fer* et de le soumettre aux besoins de la guerre, du commerce et de l'agriculture.

Des mines de fer, des hauts-fourneaux et des forges à l'anglaise, des aciéries et des martinets, étendent le *fer* et l'*acier*, ou les préparent pour les travaux des différentes branches d'industrie, tandis que plus de 3,000 *forges* les réduisent en armes, en couteaux, en clous, en serrures, en outils d'agriculture, et en objets de quincaillerie. Tous ces ateliers sont alimentés par les mines de houilles les plus riches de la France, qui fournissent à la consommation d'un grand nombre de verreries, et donnent encore lieu à une énorme exportation.

De plus, la *fabrique de rubans* de Saint-Etienne, une des plus considérables qui existent au monde, verse annuellement dans la consommation des produits dont la valeur s'élève à près de 40 millions de francs, et qui s'exportent dans tous les pays.

On ne peut se dissimuler que si l'arrondissement de Saint-Etienne a pris un accroissement aussi rapide, il le doit à la richesse de son territoire houiller, à l'active industrie de ses habitans, et surtout à *l'emploi des machines* qu'un ridicule préjugé avait voulu repousser un instant, mais dont l'expérience a fait bientôt reconnaître les bienfaits.

Depuis quelques années, nous voyons que les *machines* ont opéré une grande révolution dans les diverses branches d'industrie de l'arrondissement de Saint-Etienne, où elles remplacent la main de l'homme dans la plupart des opérations industrielles; aussi ne peut-on plus calculer aujourd'hui les produits de ses manufactures par le nombre de bras qu'elles emploient.

Ceux qui s'élèvent contre l'emploi des machines, font surtout valoir l'intérêt des ouvriers que cette adoption prive de leur travail; ils ne font pas attention que cet emploi est plutôt forcé que libre de la part des fabricans : attendu que dès qu'un moyen de fabrication moins dispendieux et plus prompt est employé quelque part, il doit l'être partout, autrement il n'y aurait plus de concurrence possible; la manufacture favorisée absorberait toutes les commandes et tous les profits, pendant que les autres se ruineraient. Or, il est constant que l'intérêt des fabricans et des ouvriers est que les établissemens existans se maintiennent et prospèrent. Mais il y a plus : l'expérience a démontré que l'amélioration dans les moyens de production est une source de richesse et de prospérité pour les pays où elle s'est manifestée.

Je ne chercherai pas des exemples dans les villes manufacturières de l'Angleterre, mais je rappellerai ce qui se passe aujourd'hui au sein même de la France, où l'on voit que les pays les plus industrieux et les plus riches sont, sans contredit, le *Haut-Rhin*, le *Gard*, le *Lyonnais*, et surtout *l'arrondissement de St-Etienne*.

Dès qu'on chercha à appliquer la force de la vapeur, ou des procédés qui simplifiaient le travail de la main de l'homme, dans les diverses branches d'industrie de *l'arrondissement de Saint-Etienne*, et lors de l'introduction des métiers à plusieurs pièces à la barre, et des machines à la Jacquard dans la fabrication des rubans, les ouvriers étaient peu disposés à se servir de moyens qu'ils considéraient comme destructeurs de leur industrie. Cependant depuis lors il en est résulté un si grand surcroît de travail et de salaire, qu'ils se félicitent aujourd'hui de ce qu'ils déploraient alors ; et ils regardent comme un avantage immense pour l'arrondissement de Saint-Etienne, d'avoir fait cesser sur plusieurs de ses produits la concurrence étrangère.

Nous voyons en général que la même chose est arrivée dans toutes les manufactures qui ont essayé d'adopter les nouvelles machines, destinées à perfectionner leurs diverses fabrications.

Du reste, une machine, une industrie nouvelle, ne s'introduisent pas tout-à-coup dans une manufacture ; il faut faire souvent de nombreux essais, tâtonner long-temps avant de pouvoir arriver à des résultats un peu avantageux. Encore est-il bon d'ajouter qu'un grand nombre de *capitalistes*, de *manufacturiers* et d'*ouvriers* même, séduits souvent par l'espoir des bénéfices exagérés que leur promettent de nouveaux moyens de fabrication, risquent des sommes plus ou moins considérables dans des entreprises hasardeuses, dont ils ne peuvent ni calculer les dépenses, ni prévoir les résultats.

Enfin, *l'emploi des machines* est aujourd'hui une nécessité et non plus une question : tous les pays du monde tendent à perfectionner leurs produits. Ils veulent s'affranchir des tributs qu'ils payent aux manufactures des autres contrées ; et s'il en était qui restassent stationnaires au milieu du mouvement général imprimé depuis quelques années à l'industrie européenne, exclus de tous les marchés par des concurrens plus habiles, des annonces de ruine les avertiraient suffisamment de leur mauvaise manière d'opérer.

Pour maintenir *l'industrie française* au niveau des connaissances déjà acquises, et pour lui donner les moyens de profiter des perfectionnemens qui sont apportés chaque année dans les diverses manufactures, il serait à désirer que quelques *ouvrages* traitant spécialement des diverses branches d'industrie de chaque contrée, pussent faire connaître sans cesse les succès obtenus dans tous les genres de fabrication, et par suite les progrès de l'industrie nationale.

Ces *ouvrages*, consacrés entièrement à l'industrie de chaque localité, pourraient encore faire connaître le nombre et l'importance des diverses manufactures; leur position, le nom des fabricans et la qualité de leurs différens produits. Dès lors, chaque manufacturier pourrait comparer l'état de sa fabrication avec celle de ses rivaux; il ne serait plus exposé à perdre un temps précieux à rechercher des procédés déjà mis en usage par ses voisins, et souvent remplacés par de plus ingénieux et de plus économiques.

Chaque contrée manufacturière serait intéressée à donner les renseignemens nécessaires à former le corps de ces *ouvrages industriels*, et à concourir ainsi à la prospérité de l'industrie de chaque pays.

Les trois villes de *St-Etienne*, de *St-Chamond* et de *Rive-de-Gier*, reposant sur un riche bassin houiller, possédant en outre plusieurs industries colossales qui occupent le premier rang en France, forment aujourd'hui une des lignes industrielles les plus intéressantes que nous connaissions au monde.

Saint-Etienne, qui de simple bourg s'est élevé tout-à-coup au rang des premières villes commerçantes de l'Europe, n'a pas toujours compté dans son enceinte une population aussi nombreuse que celle qui s'y trouve aujourd'hui; et il y a peu de temps encore que la tradition conservait parmi les habitans le nom des places et des rues, et les maisons n'étaient désignées que par le nom de leurs propriétaires et des principaux locataires.

L'accroissement rapide de son industrie a donné à son commerce un développement prodigieux, et a attiré dans son enceinte un concours d'étrangers de tous les pays, empressés de profiter des avantages que leur promettent les différentes branches d'industrie qui s'y exercent.

Cette augmentation de population ayant par suite augmenté l'importance de la ville et de l'arrondissement de Saint-Etienne, l'intérêt que chacun pouvait avoir à les connaitre d'une manière toute particulière, a fait vivement sentir le besoin et l'utilité d'un ouvrage spécialement consacré à la description de l'industrie locale; qui pût en même temps servir de guide aux curieux, et faciliter aux *acheteurs* les moyens de reconnaitre les différens *produits* qui s'y fabriquent, ainsi que les maisons auxquelles ils pourraient s'adresser pour leurs achats.

Le producteur de *matières premières* pourrait y trouver des renseignemens utiles pour écouler plus facilement ses produits et pour les améliorer, en étudiant leur destination et leur emploi particulier; tandis que le *manufacturier*, forcé de créer de nouveaux débouchés aux nombreux produits de sa fabrication, pourrait y trouver aussi un moyen plus assuré d'étendre ses relations commerciales, et de donner une plus grande publicité aux résultats qu'il aurait obtenus.

Ce recueil que l'on pourrait considérer comme la *statistique annuelle des progrès de l'industrie* de l'arrondissement de Saint-Etienne, présenterait un grand intérêt de localité, qui pourrait s'étendre, et contribuer plus tard aux succès et à la prospérité des établissemens industriels des contrées environnantes.

Offrir aux habitans, aux étrangers, aux curieux, et en général à tous les amis des arts, des notices sur les diverses parties des établissemens industriels placés dans l'arrondissement, et les détails intéressans qui s'y rattachent, doit être sans doute le but que doit se proposer celui qui entreprendra cette tâche; en attendant que quelqu'un, plus versé que moi dans l'étude des arts industriels, veuille bien se charger d'un travail aussi utile, j'ai essayé de l'entreprendre, persuadé que mes efforts seront encouragés par tous les hommes qui s'intéressent à la prospérité de l'industrie française.

Il me reste à faire connaitre le *plan* que j'ai adopté pour ce travail, et les sources dans lesquelles j'en ai puisé les élémens.

J'ai divisé cet ouvrage en deux parties:

La *première* contient des notices historiques, statistiques et industrielles sur les trois villes et les manufactures de *St-Etienne*,

Saint-Chamond et *Rive-de-Gier*, passant en revue et faisant connaître d'une manière particulière, pour chaque localité, les diverses branches d'industries et les principaux établissemens, au nombre desquels se distinguent : les exploitations de mines de houille et de fer, les verreries, les hauts-fourneaux et forges à l'anglaise ; les aciéries et les chemins de fer ; la fabrication des armes de guerre et de chasse, et celle des objets de quincaillerie, de rubanerie et des lacets.

J'ai essayé de donner dans la *deuxième partie*, que j'ai intitulée INDICATEUR, une idée sommaire de toutes les branches de commerce et des établissemens industriels de l'arrondissement de Saint-Étienne, qui, par leur importance, peuvent intéresser les étrangers et les habitans du pays ; et j'ai eu pour objet principal de rendre ces renseignemens plus utiles, en joignant à ces notices la nomenclature de tous les établissemens publics et particuliers, avec les noms des employés de toutes les administrations, et un état détaillé de toutes les professions industrielles et commerciales que renferme la ville de Saint-Étienne.

J'ai cherché à recueillir avec la plus scrupuleuse attention tous les documens que je mets ici sous les yeux du public. Ils méritent quelque confiance, attendu que j'en ai puisé la plus grande partie dans les bulletins de la *Société industrielle de St-Étienne*, dans les diverses statistiques et ouvrages qui ont été publiés depuis quelques années sur ce pays. MM. les Ingénieurs des mines, les Autorités administratives et les principaux manufacturiers de l'arrondissement ont bien voulu me seconder dans mon travail ; je les prie de vouloir bien recevoir mes remercîmens pour les notes qu'ils ont bien voulu me communiquer.

L'empressement avec lequel on a accueilli les premières éditions de cet ouvrage m'a donné la satisfaction de voir que j'avais atteint en partie le but que je m'étais proposé, et ce faible succès m'impose l'obligation de donner par la suite à mon travail le plus de développement possible.

Dans le second volume de la *revue industrielle de St-Étienne*, qui doit paraître incessamment, je me suis attaché à compléter autant que possible ce qui a pu manquer au premier volume.

NOTICE HISTORIQUE
ET STATISTIQUE
SUR LA VILLE ET L'INDUSTRIE
DE L'ARRONDISSEMENT DE SAINT-ÉTIENNE.

Il n'a presque rien été écrit sur l'histoire civile, religieuse et politique de *Saint-Etienne*, et on ne paraît pas bien fixé sur l'époque de sa fondation. Cette ville, de simple bourgade s'est élevée, en peu de temps, au rang des premières villes manufacturières de l'Europe, et l'on peut dire que son histoire se trouve presque toute dans celle du développement successif de ses diverses branches d'industrie.

Privé de renseignemens particuliers et authentiques sur cette ville, je me bornerai à rapporter une partie des documens qui ont été publiés dans les bulletins de la *Société industrielle de Saint-Etienne.*

Un château construit par les *Comtes du Forez*, vers la fin du 10me siècle, sur le penchant du *Mont-d'or*, aujourd'hui *Sainte-Barbe ;* une chapelle dédiée à saint ETIENNE, quelques maisons bâties à l'entour par des ouvriers forgerons, et long-temps après par des ouvriers rubaniers, telle est à peu près l'origine de *Saint-Etienne.* Les Annales inédites que l'on possède ne remontent pas au-delà de cette époque.

Quelques auteurs entr'autres, l'abbé *Soleisel*, le père *Fodéré*, et M. *De la Mure*, rapportent que les *Romains* étaient venus habiter cette ville, connue sous le nom de *Furanum*, 56 ans avant l'ère chrétienne ; que LABIENNUS, lieutenant de CÉSAR, y avait cantonné des légions de vétérans, et que l'on y fabriquait, à cette époque, des armes et ustensiles de guerre. Mais ce qui peut faire suspecter cette opinion, c'est que les plus anciennes constructions ne remontent pas au-delà du 10me siècle, et que les fouilles faites, pour diverses causes dans plusieurs quartiers de la ville, n'ont jamais fait découvrir des monumens ou des médailles qui donnent à connaître que les Romains y ont séjourné. Je me bornerai donc à rapporter succinctement les principaux faits conservés dans les mémoires.

Dans le 11me siècle, la chapelle fut remplacée par une église que fit construire saint ROBERT, de l'ordre de *Saint-Benoît*, premier Abbé de la Chaise-Dieu. Cette église, dont l'architecture est gothique, fut desservie par des Religieux de cet ordre jusqu'en l'année 1115.

Des ouvriers forgerons, fabricans d'épées, de lances et d'outils d'agriculture, des serruriers, et plus tard des rubaniers, attirés par la situation de la ville naissante, au centre d'un territoire houiller, vinrent s'y établir. Leurs habitations occupèrent la partie de la *cité* qui forme aujourd'hui les quartiers de *Poligniais*, du *Mont-d'or*, la rue *Boulevard*, l'ancienne *Boucherie* et la *Grenette*.

L'histoire garde le silence sur cette ville, qui, dans le principe, n'était qu'un bourg presqu'entièrement peuplé d'ouvriers. Au commencement du 15ᵐᵉ siècle elle ne comptait guère plus de 200 maisons; en 1441, CHARLES VII passant à Saint-Etienne, accorda aux habitans la permission d'entourer entièrement la ville d'un mur de cinq pieds et demi d'épaisseur et vingt de hauteur, avec quatre portes, dont l'une, qui donnait sur le *Pré de la foire*, aujourd'hui *Place royale*, fut flanquée de quatre tours dont il reste encore des vestiges.

En 1516, sous le règne de FRANÇOIS Iᵉʳ, l'ingénieur *Virgile* établit la *Manufacture d'armes à feu* de Saint-Etienne. Il y fut déterminé par le génie qu'il reconnut aux ouvriers, l'abondance du combustible houiller, propre à la forge; par la facilité de se procurer des meules à aiguiser, et d'établir des usines sur la rivière du *Furens*, dont il jugea les eaux excellentes pour la trempe du fer. Frappé de la réunion de tous ces avantages, il les fit valoir auprès du Roi, et il en obtint l'autorisation de faire construire quelques édifices propres aux travaux des armes. Cette nouvelle branche d'industrie ne fut pas d'abord très-active; elle se borna à la fabrication des *Arquebuses à fourchette*, des *Mousquets* et des *Armes à croc*. Ce n'a été qu'à la longue et par des perfectionnemens successifs, que la fabrique des armes à feu est parvenue au point où elle est aujourd'hui.

Quant à la vertu tant vantée des eaux du *Furens* pour la trempe, c'est ici le cas de dire, que si la fabrique d'armes de Saint-Etienne a toujours conservé une haute réputation si bien méritée, elle le doit moins à la qualité de ses eaux, qu'au génie inventif de ses habitans, à l'activité et à l'habileté de ses ouvriers, enfin à l'esprit d'ordre qui les dirige. La qualité de ses eaux, comme l'abondance et l'excellence du combustible, ne sont donc que quelques-uns des nombreux élémens de succès que le hasard a mis dans les mains d'hommes industrieux.

Ce fut en 1536 que FRANÇOIS Iᵉʳ vint à Lyon, où il accorda des lettres de naturalisation à quelques ouvriers *génois* qui avaient introduit la fabrication de divers *articles de soieries*; et ce fut en 1540 que parut le tarif protecteur de cette industrie naissante, qui assujettit à un droit d'entrée en France plusieurs étoffes et rubans façonnés, ce qui donne la certitude qu'il se fabriquait déjà en France, à cette époque, quelques articles de *rubans façonnés*; mais cette industrie, qui ne devait avoir alors qu'une faible importance, ne consistait que dans le tissage, à la main, sur des métiers peu compliqués, de quelques articles de rubans unis et petits façonnés, fabriqués d'abord à Lyon, puis à Saint-Chamond et dans les montagnes environnantes. On prétend qu'il existe à Saint-Chamond un métier qui porte la date de 1515.

Il paraît à peu près certain que les eaux de la rivière du *Gier* ont été anciennement amenées à Lyon par les Romains, dans un *aqueduc* dont on voit encore les vestiges auprès de Saint-Chamond, sur les bords de la route, et qui faisait partie de celui de *Saint-Irénée* à Lyon. Quelques personnes pensent que ce même aqueduc se prolongeait jusque dans la vallée de *Janon*, et qu'il était destiné à recevoir une partie des eaux de la rivière du *Furens* pour la même destination.

La ville de Saint-Etienne eut beaucoup à souffrir de la guerre civile qui désola le royaume vers le milieu du 16.me siècle; elle fut attaquée en 1562 par le capitaine SARRA, qui commandait une troupe d'insurgés: les habitans prirent les armes, et, aidés par le Duc de NEMOURS, repoussèrent ce chef de partisans.

Cette ville ne fut pas aussi heureuse l'année suivante. Le Baron des ADRETS, après avoir fait éprouver des cruautés inouies à Lyon et à Montbrison, s'empara de Saint-Etienne, dévasta l'église, pilla les vases sacrés et détruisit ce qu'il ne put emporter; mais, obligé d'évacuer la ville, il fut attaqué dans les montagnes, près du *Bessat*, par les Seigneurs de Saint-Etienne et de Saint-Chamond réunis à la tête de leurs vassaux, qui le battirent et reprirent une partie du butin qu'il avait enlevé.

En 1585, aux calamités de la guerre civile se joignit bientôt une *maladie contagieuse* qui fit périr beaucoup de monde. En 1589, un autre fléau, plus terrible encore, la *peste*, enleva à cette ville et dans ses environs, plus de 7,000 habitans. Le prix des grains, dont la mesure ne valait ordinairement que 10 *sols*, s'éleva subitement à 5 *livres*.

Cependant, vers la fin du 16.me siècle, la paix, rétablie dans le royaume par les armes et la modération de HENRI IV, permit aux fabriques d'armes, de quincaillerie et de rubanerie de reprendre de l'activité. On prétend qu'en 1594 une fabrique de coutellerie fut établie au Chambon, tandis que cette même industrie ne fut pratiquée à Saint-Etienne qu'en 1607.

Saint-Etienne qui jusque vers le milieu du 16me siècle n'avait possédé que des ateliers de quincaillerie et d'armurerie, ne tarda pas à se livrer aussi à la *fabrication des rubans*, et cette industrie y acquit en peu de temps une certaine importance, puisqu'en 1605 les ouvriers rubaniers fondèrent une confrérie dans l'église de Saint-Etienne.

On ne doit pas être étonné que la *Fabrication des rubans de soie* se soit fixée à Saint-Etienne et à Saint-Chamond: les eaux du *Furens* et du *Gier* n'étant point séléniteuses, sont très-propres au blanchiment, aux teintures, ainsi qu'aux autres usages de la chimie industrielle; elles dissolvent parfaitement le savon, et, par ce motif, elles en exigent une moins grande quantité pour le décreusage de la soie.

En 1608, les Consuls de la ville firent élever une fontaine sur le *Pré de la foire*, aujourd'hui *Place royale*. C'est à peu près à la même époque que s'établirent à Saint-Etienne plusieurs *Communautés religieuses*, savoir : les *Minimes*, en 1610 ; les *Religieuses de Sainte-Catherine*, en 1615 ; celles de *Sainte-Ursule* et de la *Visitation*, quelques années après ; enfin les *Capucins* furent fondés en 1619.

La ville de Saint-Etienne jouit pendant plusieurs années des avantages que lui donnaient ses manufactures et son commerce ; mais cet état prospère s'évanouit par les désastres d'une *maladie contagieuse*, qui vint encore l'affliger en 1628 et 1629. Les communications furent interrompues, le commerce anéanti, et les ouvriers réduits à la plus affreuse misère. Les Consuls et les Ecclésiastiques portèrent des secours de toute espèce aux malades et aux indigens. Leur zèle, leurs soins, les dangers auxquels ils s'exposèrent, furent au-dessus de tous éloges. Pour arrêter la contagion, les Consuls firent bâtir sur le mont *Grenis* ou *Courette* 500 cabanes de bois où les malades furent transportés. Le nombre des victimes, dans la ville et ses alentours, s'éleva à près de 8,000. Il n'y eut point de maison qui n'eût à déplorer quelque perte ; point de famille où l'on ne vît des veuves et des orphelins.

La peste ayant enfin cessé, après avoir duré environ deux ans, la ville fit vœu de solenniser à perpétuité le jour de la présentation de la sainte Vierge (21 novembre), en mémoire de la délivrance de ce terrible fléau. Un tableau fut placé dans l'église des Capucins, pour en perpétuer le souvenir : détruit pendant la révolution, il a été rétabli et placé dans l'église de Saint-Etienne ; on y lit les noms de MM. RONZIL, BESSONNET et PIERREFORT, Consuls de la ville à cette époque, qui par leur bienfaisance méritèrent qu'on transmît leurs noms à la postérité.

Une Sénéchaussée fut créée en 1645 : quelques années après, elle fut réunie à celle du Forez, qui siégeait alternativement six mois de l'année à Saint-Etienne et six mois à Montbrison. En 1766, elle fut déclarée sédentaire dans cette dernière ville.

L'un des hommes qui ont le plus contribué aux établissemens d'utilité publique, et dont la mémoire est chère aux habitans de Saint-Etienne, fut GUY-COLOMBET, de Saint-Amour, nommé curé de l'église de Saint-Etienne en 1664. On lui doit l'établissement de l'*Hôtel-Dieu*, qui fut commencé en 1666, et celui de l'*Hospice de la Charité*, pour les vieillards et les orphelins, dont la création remonte à l'année 1680. C'était un homme savant, judicieux, plein d'activité, et d'un rare mérite. A sa voix, toutes les classes de la société contribuèrent, par des dons volontaires, aux dépenses des nouveaux établissemens. Il portait son zèle et ses soins sur tout ce qui pouvait intéresser les fidèles et soulager les malheureux.

La ville de Saint-Etienne, dont la population s'était considérablement augmentée, n'avait pas assez d'une seule église. GUY-COLOMBET, non moins désintéressé que bienfaisant, contribua, plus que personne, à la construction de celle de *Notre-Dame*, dont les fondations furent jetées en 1669. Trois ans après, *la boucherie* fut établie en faveur de l'Hôtel-Dieu.

En 1684, M. Bellaclat donna l'emplacement où se trouve aujourd'hui la place *Chavanelle*, à la ville qui comptait déjà près de 1,100 maisons.

Au milieu du 17ᵐᵉ siècle, les guerres qu'eut à soutenir Louis XIV, donnèrent un plus grand développement à la fabrication des armes : le ruisseau de *Furens*, fut couvert d'aiguiseries et d'autres usines dans toutes les positions où la pente du terrain offrait une chute d'eau. Il y avait à cette époque sur le furens environ 80 usines pour le travail du fer, qui occupaient près de 400 ouvriers ; mais bientôt on reconnut l'insuffisance de son volume pour entretenir, pendant l'été, l'activité d'un si grand nombre d'établissemens. Ce fut en 1694, qu'un ordre du Roi autorisa la déviation d'une partie des sources de la rivière de *Semène* ; elles furent amenées dans la rivière de *Furens* par un biez creusé au travers du *Grand-Bois*, dans la commune de *Saint-Genest-Mali-faux* ; et ce biez, qui fut comblé lorsque les besoins de la fabrique furent moins pressans, a toujours conservé dans le pays le nom de *Rio du Rey* (ruisseau du roi) ; il a été ouvert de nouveau pour la même cause en 1795, pendant la révolution ; et plus tard, sous le régime impérial, cette tentative fut encore renouvelée ; mais sans succès.

Il est à remarquer cependant, que l'importance industrielle qu'acquiert la ville de Saint-Etienne, devrait engager l'administration à rechercher les moyens d'augmenter le volume des eaux nécessaires pour faire mouvoir les machines et les usines, et encore de pourvoir à celles que réclament impérieusement la salubrité et la propreté de la ville. Plusieurs projets d'aménagement des eaux de Furens ont été proposés. Un des moyens les plus économiques, serait peut-être de construire des barrages dans les lieux propres à former de vastes réservoirs.

Pendant la grande disette de 1694, dont la classe ouvrière éprouva toutes les horreurs, le curé Guy-Colombet sacrifia une partie de ce qu'il possédait pour secourir les pauvres : le pain qu'il distribuait, arrosé de ses larmes, sauva la vie à un grand nombre d'entr'eux ; il retranchait même de son nécessaire pour soutenir leur existence. Cette année il mourut près de 12,000 personnes dans la ville et dans les environs de Saint-Etienne.

En 1695 arriva la mort du poëte Chapellon, auteur de Noëls et autres pièces de vers sur Saint-Etienne, composés dans le langage commun du pays. Ce fut en 1698 qu'on établit à Saint-Etienne le *jeu de l'arquebuse*. Cette même année il y eut une grande disette de grains.

En 1708, la mort enleva à Saint-Etienne Guy-Colombet, que cette ville avait eu le bonheur de posséder 43 ans ; il l'avait trouvée dépourvue de tout ; il la laissa riche de plusieurs établissemens publics, et entr'autres des écoles gratuites pour les enfans des deux sexes. Sa mort vint encore révéler de nouveaux bienfaits : par son testament, il fit des legs considérables aux établissemens qu'il avait fondés. Né de parens riches, il employa son patrimoine à des œuvres de bienfaisance. Payer un juste tribut d'éloges à un homme qui a laissé d'aussi précieux souvenirs, rappeler ses vertus, c'est présenter un modèle à tous les amis de l'humanité.

L'hiver de 1709 fut si rigoureux, que le boisseau de farine de seigle se vendit jusqu'à 11 livres, et la misère, qui fut générale dans toute la France, amena la cessation des travaux du fer et de la rubanerie. L'année suivante, on jetta les premiers fondemens de l'église de la *Ricamerie*, près de Saint-Etienne.

En 1718, l'écossais Law, homme à calculs et à projets, qui s'était offert au régent, pour libérer la France de sa dette, créa un nouveau système qu'il chercha à introduire dans les finances. Ce système produisit une révolution funeste dont Saint-Etienne se ressentit. La dépréciation du *papier-monnaie*, créé à cette époque, ne tarda pas à arriver. A ces calamités se joignit encore la *peste* qui arriva de Marseille en 1720, et qui fit périr beaucoup de monde à Saint-Etienne.

Ce fut en 1728, que le *jeu de l'arc* fut établi à Saint-Etienne, et la construction de l'église de *Saint-Ennemond*, dans le quartier de Polignais, eut lieu en 1737.

P. Girard, un des entrepreneurs de la manufacture d'armes, fit construire en 1743 l'épreuve des canons des armes à feu, au *Gué de Chavanellet*, qui forme aujourd'hui le quartier de l'*Heurton*. En 1746 on établit au Chambon une *Tréfilerie* pour le fil de fer, et en 1747, des essais pour affiner le fer et le transformer en acier, furent faits au Clapier, près de Saint-Etienne.

Au mois de juin de 1749, les blés furent renversés par la neige, et l'année suivante, la misère fut générale. Une partie de la ville de Saint-Etienne fut pavée, et on employa à ce travail les ouvriers qui étaient sans ouvrage. Ce fut cette même année que MM. Dugas, de Saint-Chamond, firent les premiers essais des rubans fabriqués sur les métiers à plusieurs pièces *à la barre*, qu'ils avaient fait venir de la Suisse avec les ouvriers nécessaires.

En 1753, l'église de *Notre-Dame* fut érigée en paroisse, et l'année suivante fut marquée par la mort de l'abbé Thiollière, qui a travaillé à l'histoire de Saint-Etienne. Cette année fut très-malheureuse pour les ouvriers, qui furent privés de travail et sujets à beaucoup de maladies.

En 1756, M. Flachat, de Saint-Chamond, de retour d'un voyage qu'il avait fait dans le levant et dans la Suisse, amena des ouvriers de ces contrées, avec les instructions nécessaires pour l'établissement de la filature et de la teinture du coton, ainsi que pour le tissage, au moyen des métiers à la barre, etc. ; et il organisa, pour exploiter cette industrie, une manufacture à Saint-Chamond.

L'hiver de 1766 fut très-rigoureux; et l'an 1769, la *manufacture d'armes* fut établie place Chavanelle, dans le local où elle est aujourd'hui. Cette même année M. Brunand essaya de pétrir un cinquième de houille menue avec quatre cinquièmes de terre; il obtenait par ce moyen des espèces de briques propres au chauffage, qui produisaient une grande économie de combustible.

Les villes manufacturières, plus que toutes les autres, sont sujettes à subir toutes les chances de crédit qui se rattachent aux opérations du gouvernement; c'est ce que Saint-Etienne éprouva à plusieurs époques, surtout en 1770. Les opérations financières de l'état furent très-funestes aux fabriques de Saint-Etienne: la stagnation des affaires donna lieu à plus de trois millions de faillites, dans cette seule ville, qui, à cette époque, ne comptait pas plus de 30 fabricans de rubans, et de 60 marchands quincailliers et armuriers. Il en fut de même à différentes périodes de la révolution.

Lorsque le commerce était florissant et que la france possédait de vastes colonies, Saint-Etienne fabriquait beaucoup d'ouvrages de quincaillerie, en fer et en cuivre, tels que serrures, fiches, clous, etc., destinés pour l'intérieur, pour l'exportation ou pour le service de la marine; l'on y fabriquait aussi une grande quantité d'armes à feu de tous genres, et entr'autres de *fusils de traite*, qui servaient d'échange aux navires sur la côte d'Afrique, et une foule d'objets de quincaillerie qui avait la même destination.

La modicité des prix, plutôt que la perfection du travail, faisait le mérite de ce genre d'insdustrie: l'interruption et le petit nombre des expéditions maritimes ont apporté de grands changemens dans cette branche de commerce. Mais si d'un côté, plusieurs des articles autrefois demandés, tant par la consommation intérieure que pour l'exportation, ne sont plus dans la fabrication, de l'autre, l'industrie des fabricans s'est adonnée à des productions nouvelles.

C'est surtout depuis le commencement du 19me siècle, que les diverses branches d'industrie *de l'arrondissement de Saint-Etienne* ont pris un grand développement. La population s'est accrue et l'aisance des habitans s'est augmentée. C'est depuis cette époque que la ville de Saint-Etienne, par son importance, à la fois politique et commerciale, a vu s'ouvrir devant elle une carrière immense. On n'aura pas de la peine à en être persuadé, si l'on jette les yeux sur la *notice statistique* qui a été publiée depuis cette époque par la *société industrielle de Saint-Etienne*, et dont je vais essayer de donner un aperçu.

L'arrondissement de Saint-Etienne est l'un des moins étendus et néanmoins l'un des plus populeux du royaume. Confiné à l'est par le *Rhône*, et à l'ouest par la *Loire*, il communique par ces fleuves avec le nord et le midi de la France; mais la navigation de la Loire souvent interrompue, la remonte du Rhône toujours lente et souvent difficile, enfin, le mauvais entretien des routes de terre, ont fait sentir la nécessité et l'utilité de nouvelles communications, et l'établissement de trois lignes de *chemins de fer*, se liant les unes aux autres, et formant une communication immédiate du Rhône à la Loire et de *Lyon* à *Roanne*, fut résolu dès 1824.

Le *Chemin de fer* de Saint-Etienne à Lyon, entrepris en 1826 par MM. Seguin frères, est surtout appelé à étendre et à augmenter l'exportation des houilles de l'arrondissement, dans l'est et le midi de la France, tandis que celui de *Saint-Etienne* à la *Loire*, terminé en 1827 par M. Beaunier, remplit le même but pour l'ouest et le nord, et surtout le littoral de la Loire jusqu'à *Roanne*; mais il avait l'inconvénient d'aboutir à un point où la Loire n'est pas navigable à la remonte, et ne l'est que rarement à la descente; cette circonstance fit sentir la nécessité de prolonger ce chemin jusqu'à *Roanne*. Cette entreprise a été exécutée avec beaucoup de talent par MM. Mellet et Henry.

Sur une surface de 42 lieues carrées, hérissée de montagnes, l'arrondissement de Saint-Etienne renfermait, en 1801, une *population* de 97,577 individus : elle est aujourd'hui de 149,189.

La *population de Saint-Etienne*, qui en 1806 était de 18,035, s'est élevée en 1827 à 37,031 habitans. Sous le rapport de l'accroissement de la population, la ville de Saint-Etienne présente le spectacle d'une progression qui étonne et dont on chercherait vainement ailleurs un autre exemple. Le même accroissement a eu lieu dans les villages et hameaux qui composent la *banlieue* : de 9,000, sa population s'est élevée à 18,000 : ainsi la ville et sa banlieue renferment plus de 55,000 habitans, dont environ les deux tiers se livrent à l'exercice des arts industriels. Ce phénomène presqu'incroyable est le résultat du développement de l'industrie manufacturière, qui y attire des contrées environnantes, tous ceux qui viennent y rechercher les avantages qu'elle leur promet.

L'*industrie* de l'arrondissement s'exerce sur deux genres bien différens : l'un embrasse l'extraction des *mines* et le travail des *métaux* à l'aide de la houille, le plus puissant des agens de reproduction ; et l'autre, la fabrication des *rubans de soie* et des *Lacets*.

Dans le *premier* l'on comprend l'*exploitation des mines* de houille, de fer et de plomb ; le traitement du minerai de fer au coke, dans les hauts fourneaux ; la conversion de la *fonte* en *fer* malléable ; la fabrication des diverses espèces d'aciers ; la *quincaillerie*, comprenant la serrurerie, la coutellerie, la clouterie, la ferrure, et les divers articles de quincaillerie ; les *armes* de guerre, de chasse et de luxe ; les *verreries* ; les papeteries, etc.

Le second s'applique spécialement à la *fabrication des rubans* unis ou façonnés, taffetas, satins, gazes-marabous, velours, galons, ganses, padoux, lacets, crêpes, tissus élastiques, et enfin à toutes les opérations qui font partie de cette branche d'industrie.

Mines de houille. Les *mines de houille* sont une des principales causes de la prospérité de l'arrondissement. Le *bassin houiller* formé des deux bassins de Saint-Etienne et de Rive-de-Gier fournit aujourd'hui, à lui seul, près de la moitié de la production totale de la France. Il est situé entre le *Rhône* et la *Loire*, vers le point où ces deux fleuves, coulant en sens contraire, sont le plus rapprochés; il est encaissé par les crêtes plus ou moins saillantes, qui se détachent des montagnes du Forez, du Velay et de l'Ardèche, et dont la plus élevée est le mont *Pila*.

La forme de ce bassin est celle d'un triangle très-allongé, dont la plus grande *longueur* est de plus de 46,000 mètres. Il est fortement renflé vers l'ouest versant de la Loire, et sa plus grande *largeur*, prise dans la méridienne de *Roche-la-molière*, est d'environ 13,000 mètres. De ce point, il va toujours en diminuant jusqu'à Saint-Chamond, Rive-de-Gier; et à Tartaras, dans le département du Rhône, le bassin houiller n'a guère plus de 100 mètres de largeur.

D'après la carte topographique du territoire houiller de l'arrondissement, faite par M. Beaunier, la surface totale de ce terrain est d'environ 221 kilomètres carrés. Dans cette circonscription il est presque partout *carbonifère* et exploitable; et le nombre des couches s'élève, dans certaines localités, à 15 et même à 20. La *puissance des couches* est très-variable, surtout dans le *bassin de Saint-Etienne*, où il y en a qui ont à peine quelques décimètres, tandis que dans le *bassin de Rive-de-Gier* on trouve des couches qui ont 8 à 10 mètres, et même encore une plus grande épaisseur.

Le nombre des *concessions de mines de houille* dans l'arrondissement est de 57, sur une superficie d'environ 274 kilomètres carrés : 28 concessions constituent le bassin de Saint-Etienne, et 29, celui de Rive-de-Gier. Dans le dernier se trouve la concession *Montdragon* de Saint-Chamond, qui a, seule, 100 kilomètres carrés de superficie, tandis que le périmètre des 28 autres concessions placées dans le territoire de Rive-de-Gier, n'est que d'environ 26 kilm^{es} car.

L'extraction de la houille dont la qualité est supérieure à toutes celles connues en France, fut pendant long-temps restreinte aux besoins des habitans : on se bornait à fouiller les couches les plus rapprochées du sol; elle reçut un peu d'activité par le débouché que fit naître le *balisage de la Loire*, entrepris au commencement du 18me siècle par la compagnie *Lagardette*, qui rendit ce fleuve navigable de Saint-Rambert à Roanne.

Jusqu'en 1790 l'exportation de la houille par la Loire fut peu considérable; le nombre de bateaux chargés de 300 à 360 hectolitres de houille qui descendaient la Loire, ne s'élevait pas à plus de 800 à 1,000 par an. De cette époque au commencement du 19me siècle, il fut d'environ 1,200; et depuis lors il s'est progressivement accru jusqu'à 3,000, et même au-delà.

Ces *bateaux*, construits en bois de sapin, ne remontent jamais au point de départ, ce qui oblige à en construire sans cesse de

nouveaux. La consommation énorme de bois qu'entraine leur construction, jointe à celle du boisage des mines et des nombreux
édifices qui se sont élevés depuis quelques années à Saint-Etienne,
ont déjà dépeuplé la majeure partie des forêts ; ce qui amènera
bientôt une grande disette de bois. D'un autre côté, les inter-
ruptions fréquentes de la navigation de la Loire, qui durent
quelquefois pendant plus de six mois, et laissent à peine soixante
jours de navigation utile par an, ont fait reconnaître la nécessité
de nouveaux moyens de transport ; le *chemin de fer* d'Andrezieux
à Roanne, dont j'ai déjà fait mention, supplée à l'insuffisance de
la navigation actuelle, et répond à tous les besoins de la consommation.

Une exportation beaucoup plus considérable de houille a lieu
par le *canal de Givors*, fondé en 1782 par ZACHARIE, qui communique avec le Rhône à Givors ; et depuis quelques années, par
le *chemin de fer, de Saint-Etienne à Lyon.*

Avant l'ouverture du canal de Givors, l'*extraction* de la houille
dans l'arrondissement, était d'environ un million de quintaux
métriques. De cette époque aux premières années de la révolution,
elle s'éleva à environ deux millions. En 1812, à trois millions ;
l'extraction de 1822 dépassait quatre millions ; celle de 1824, cinq
millions ; celle de 1831 six millions ; la production de 1834,
sept millions ; enfin, celle de 1835 a été d'environ huit millions
de quintaux métriques, dont la moitié provient du bassin de
Rive-de-Gier, et le reste du bassin de Saint-Etienne.

Environ 5,500,000 quintaux métriques sont transportés dans
les départemens voisins, par les routes de terre et les chemins de
fer, le Rhône et le canal de Givors ; elles arrivent à Paris par la
Loire et la Seine ; dans les départemens de l'est, par la Saône et
le canal du Rhône au Rhin, terminé depuis quelques années ; dans
le midi, par le Rhône et les canaux de Givors et du Languedoc ;
enfin, elles vont alimenter une partie des ports de la Méditerranée,
et pénètrent jusqu'en Egypte, à Alger, etc., où leur bonne qualité
les fait rechercher, malgré le haut prix qui résulte des frais de
transport.

Environ 2,500,000 quintaux métriques de houille fournissent à la
consommation locale des habitans et des usines de l'arrondissement.

L'extraction de la houille occupe environ 3,500 ouvriers, 200
chevaux dans l'intérieur des mines, et 1000 chevaux à l'extérieur.

Anciennement, les mines de houille ne s'exploitaient que par
des tranchées ou *fendues*. On ne pouvait extraire, par ce moyen,
que les couches les plus rapprochées de la surface ; les vides
résultant de l'extraction étaient un obstacle à l'exploitation des
couches inférieures ; on a reconnu les vices de cette méthode et
l'utilité de commencer l'exploitation par les couches les plus
profondes : et alors on a extrait la houille par des *puits verticaux*
et par des *galeries souterraines* qui suivent l'inclinaison des
couches. Les tonnes ou *bennes*, remplies de houille, sont élevées

au jour par des *machines à molettes* mises en mouvement par des *chevaux*, ou par des *machines à vapeur*. Le nombre de ces dernières a considérablement augmenté depuis quelques années.

MINES MÉTALLIQUES. L'exploitation du *minerai de fer carbonaté lithoïde* qui accompagne la houille, a lieu dans plusieurs houillères du bassin de Saint-Etienne ; ces minerais se trouvent ordinairement en *rognons* ou *galets*, dans les schistes bitumineux qui forment le toit des couches de houille. Quelquefois ils sont disposés en amas ou roches, dont l'exploitation est faite par puits, par galeries, ou à ciel-ouvert.

Le minerai du soleil près de Saint-Etienne, est très-chargé en bitume. Quelquefois on le rencontre au milieu de la houille, dans les dérangemens que présentent les couches.

Le *minerai du cros*, contient beaucoup de phosphore ; il se trouve en couches de quelques pieds d'épaisseur. Quelques autres minerais du pays, et entr'autres celui du *Treuil*, près de Saint-Etienne, ont beaucoup d'analogie avec ces minerais. On exploite aussi à *La Tour-en-Jarrét* un minerai de fer lithoïde oxidé assez riche.

Parmi les minerais de fer étrangers à la localité, qui sont susceptibles d'être employés avec avantage dans les hauts fourneaux de l'arrondissement, on doit comprendre le minerai hématite de *la Voulte* (Ardèche). Tous ces minerais sont employés dans les hauts fourneaux de l'arrondissement ; on les mélange aussi avec les *minerais de fer en grains*, tirés du département de la Haute-Saône.

On exploite à *Saint-Julien-Molin-Molette*, sur les limites de l'arrondissement et du département de l'Ardèche, une mine de *plomb argentifère* découverte depuis long-temps. Les filons sont nombreux et présentent les variétés connues du *plomb sulfuré*, accompagné de blende ou *zinc sulfuré* et de *pyrites cuivreuses*. Le principal filon est dans la montagne de la Pause, à une lieue du sommet de la montagne de Pila : les travaux d'exploitation ont dans ce moment peu d'activité, à raison du peu de profit qu'on en retire.

On rencontre au nord de Rive-de-Gier des indices d'*antimoine sulfuré*. On exploitait dit-on autrefois, à *Saint-Martin-la-Plaine*, près de Rive-de-Gier, une *mine d'or* d'un titre bas. Les moines de l'Abbaye de Saint-Denis, montraient une coupe travaillée avec l'or de cette mine. ALLEON-DULAC en parle dans un ouvrage sur le Forez, et l'historien MATHIEU-PARIS raconte que l'on présenta à HENRI-LE-GRAND un morceau d'or qui en provenait et qui avait la forme d'une branche d'arbre.

Après l'exploitation des minerais, je vais faire connaître les diverses branches d'industrie qui les consomment ou les mettent en œuvre. Quatre *hauts fourneaux* traitent les minerais de fer à la houille, savoir : deux à *Janon*, près de Saint-Etienne, et deux à *Saint-Julien-en-Jarrét*, près de Saint-Chamond. Ils

produisent annuellement , environ 80,000 quintaux métriques
de *fonte* , et occupent 800 ouvriers ou voituriers.

Six *forges* allant à la houille , établies depuis peu d'années ,
d'après les procédés anglais , convertissent la *fonte* en *fer* malléable. Des *laminoirs* mus par la force de l'eau ou de la vapeur ,
donnent au fer toutes les formes demandées par les besoins des
arts. Elles réunissent des fours d'affinage et des ateliers de moulerie. Leur produit total , exporté ou consommé dans le pays ,
est évalué à plus de 150,000 quintaux métriques. Les fontes
proviennent des hauts fourneaux de l'arrondissement et des départemens du Doubs , de la Haute-Saône , etc.

Les *acieries* sont au nombre de cinq, savoir : celles de MM. JACKSON,
à Assailly , près de Rive-de-Gier ; A. ROBIN et C. , à Trablaine ,
près du Chambon ; LECLERC, successeur de Milleret, à la Bérardière , près de Saint-Etienne ; FRICHOU-DEBRIE et C. , à Saint-
Etienne ; et HOLTZER , à Cotatay et à Firminy. Ces établissemens
livrent au commerce et à la consommation des aciers cémentés ,
corroyés , raffinés , fondus , et des limes. La quantité , en poids ,
est estimée à environ 10,000 quintaux métriques , évalués à plus
de 1,600,000 francs. Ces usines occupent environ 300 ouvriers.

On compte à Saint-Etienne et à Rive-de-Gier plusieurs constructeurs de *machines à vapeur ;* leurs établissemens fournissent
aux demandes des exploitans de l'arrondissement et des départemens voisins. Les machines qu'ils mettent dans le commerce
sont à basse pression et de la force moyenne de 20 chevaux.
Ces machines bien moins chères , et à la vérité , bien moins perfectionnées que celles que l'on tire de l'Angleterre , fonctionnent
en général très-bien , et suffisent aux besoins des exploitans et
de l'industrie.

Les *machines à vapeur* qui ont été placées jusqu'à ce jour , et
qui sont en activité dans l'arrondissement , sont au nombre de
162 , représentant la force d'environ 4000 *chevaux vapeur* (le
cheval vapeur calculé à 75 kilogrammes élévés à 1 mètre de
hauteur par seconde). Ces machines sont ainsi réparties dans les
diverses branches d'industrie de l'arrondissement. Quelques-unes
de celles attachées aux chemins de fer, quoique placées hors de
l'arrondissement, peuvent bien être considérées comme en faisant
partie.

Exploitation de la houille.	98	Filatures, moulinage.	6
Travail du fer, acieries.	18	Fabriques de lacets, etc.	6
Aiguiseries, scieries etc.	6	Teintureries, brasseries.	4
Moulins à blé, à plâtre, et pileries.	9	Plans inclinés et chemins de fer.	15

Les *usines* mues par des cours d'eau sont beaucoup plus nombreuses : il y a dans un rayon d'environ 30 kilomètres, autour
de Saint-Etienne, 115 *moulins à soie*, 120 *scieries*, 70 *aiguiseries*,
30 *martinets*, 24 *fonderies pour fonte et cuivre*, 3 *papeteries*,
outre un grand nombre de moulins à blé, battoirs, pressoirs à
huile, pileries de matières, etc. La seule rivière de *Furens* fait

mouvoir 237 roues, dans une étendue d'environ 20 kilomètres. Aussi, est-il peu de rivières qui dans un si petit cours, soient d'une utilité aussi générale, et d'un service mécanique aussi important, que le *Furens*, puisqu'on évalue à près de 4,000 chevaux ou 40,000 hommes travaillant à la fois, la force motrice produite par cette seule petite rivière. Cette force est répartie sur plus de 100 chutes et 200 usines établies sur son cours. Ces usines occupent environ 800 ouvriers.

La fabrique des objets de *quincaillerie* semble jusqu'ici s'être constamment refusée à recevoir l'impulsion du mouvement rapide qui a conduit, par des améliorations successives, toutes les autres branches d'industrie de l'arrondissement à un si haut degré de prospérité. Aussi est-ce une chose bien remarquable, de voir toujours augmenter le développement des fabriques de rubans, que la localité semble cependant repousser, tandis que la quincaillerie, qui possède de grands avantages sur les autres fabriques de même genre, reste stationnaire, se traîne péniblement, ou marche d'un pas rétrograde. Cependant parmi ses nombreux produits, on pourrait en citer quelques uns, tels que les *limes*, les *fleurets*, les *boulons*, ou clous à vis, les *serrures*, etc., qui se sont beaucoup améliorés depuis quelques années.

Une réforme complète serait nécessaire dans le mode de division du travail, dans la préparation des matières par des moteurs mécaniques, dans la direction de la main-d'œuvre et de l'ouvrage, et enfin par l'adoption et l'emploi de moteurs exécutant avec plus de précision, plus d'économie et en plus grande quantité que la main de l'homme.

Par ce moyen, un grand nombre d'articles de quincaillerie, tombés en discrédit, recevant leur exécution par le moyen des *laminoirs* et des *balanciers* destinés à préparer les matières premières, ou des *machines à vapeur*, ne tarderaient pas à reparaître avec avantage sur tous les marchés de la France, pourraient être appelés au dehors à le disputer aux produits des fabriques d'Allemagne, de la Belgique, et de l'Angleterre, et contribueraient éminemment à rétablir l'ancienne réputation de la quincaillerie du Forez.

Dans l'état actuel, l'ouvrier n'est soumis à aucune surveillance : travaillant isolément, il s'applique moins à bien faire, qu'il ne s'attache à faire beaucoup. Un préjugé ridicule, mais qui ne tardera pas à disparaître, a long-temps rejeté l'emploi des *machines*, par la raison qu'abrégeant le travail, elles diminuaient le nombre de bras employés, et privaient de leurs salaires une partie des ouvriers. Ceux qui élèvent ces plaintes ne font pas attention que l'industrie tend toujours à perfectionner ses procédés ; le producteur qui reste stationnaire dans les arts, est exclu des marchés par des concurrens plus habiles ; qu'enfin, si une manufacture veut rivaliser avec les autres industries du même genre que le sien, elle doit chercher tous les moyens de verser à la consommation des produits mieux confectionnés et à meilleur marché.

La *quincaillerie* qui comprend la *serrurerie*, la *clouterie*, la *coutellerie*, la *ferrure de bâtimens*, et les divers objets de *quincaillerie* proprement dits, est formée de plus de 1500 articles différens. Cette branche d'industrie occupe, tant à Saint-Etienne que dans quelques autres communes de l'arrondissement, et même dans les contrées voisines, environ 6000 ouvriers. Elle consomme environ trente mille quintaux métriques de fer et d'acier. Ses produits manufacturés s'élèvent à environ 5 millions de francs, dont près de la moitié représente le prix de la matière première ; le reste, celui de la main-d'œuvre et le bénéfice des fabricans.

La *serrurerie* se fabrique particulièrement à la *Ricamerie*, près de Saint-Etienne, et à *Saint-Bonnet-le-Château*, arrondissement de Montbrison, où cette fabrication s'est beaucoup perfectionnée, en même temps qu'elle y a pris un grand développement. L'établissement de M. ARNAUD, de Saint-Bonnet, occupe un grand nombre d'ouvriers, on y confectionne divers articles de serrurerie et de quincaillerie au moyen de machines qui abrègent le travail. Il s'y fabrique des serrures dans les prix de 4 francs jusqu'à 300 francs la douzaine.

La *fabrication des clous* en comprend plus de 100 espèces ; elle est, en grande partie, l'occupation des gens de la campagne, pendant la saison où ils ne peuvent se livrer aux travaux de l'agriculture. Le fer, divisé en *verges* dans les fenderies, leur est livré par le marchand pour lequel ils fabriquent des clous, qui en paye la façon à raison de 7 à 10 cent. la livre, ou 1 fr. à 1 fr. 50 cent. le mille. Il s'en consomme environ six mille quintaux métriques qui, convertis en clous de toutes espèces, sont principalement exportés dans le midi de la France.

La coutellerie a reçu, en général, peu de perfectionnemens ; et la plupart des couteaux de poche que l'on fait à Saint-Etienne et au Chambon sont communs. Ils sont remarquables par la modicité des prix : des couteaux qui passent dans dix-huit mains, avant que d'être achevés, ne se vendent qu'environ cinq à sept francs la grosse composée de douze *douzaines*. Cependant il se fabrique des couteaux de table d'un prix assez élevé ; mais il s'en fabrique aussi qui ne coûtent que 1 fr. 20 cent. la douzaine.

La *ferrure* embrasse les loquets, targettes, fiches, verroux, pommelles, gonds, et en général toute la ferrure des bâtimens ; tandis que les articles de quincaillerie proprement dits, se composent d'un grand nombre d'outils pour la cordonnerie, la maréchallerie ; et pour l'agriculture ; divers ustensiles de ménage ; et enfin d'un grand nombre d'articles qu'il serait trop long d'énumérer ici.

Il existe aussi dans l'arrondissement, et principalement à Saint-Etienne, un grand nombre d'ateliers, plus ou moins importans, pour le travail des grosses pièces de forge, telles qu'étaux, enclumes et pour celui des métiers de rubans, des chemins de fer, etc.

Armes de guerre. La fabrication des *armes à feu*, à Saint-Étienne, est restée long-temps dans l'enfance. Un même ouvrier confectionnait successivement plusieurs pièces du fusil; son attention partagée ne lui permettait pas de perfectionner chaque partie de l'arme. Ce n'a été qu'à l'époque où l'on s'est avisé d'opérer la division du travail, que l'on a fait des progrès remarquables. L'ouvrier borné à la confection d'une seule pièce, acquit bientôt de l'habileté et de la perfection dans l'exécution.

Depuis 1717, un corps d'Officiers d'artillerie envoyé par le Ministre de la guerre, réside à Saint-Étienne pour surveiller le détail de la fabrication de la manufacture des armes de guerre. Chaque pièce qui concourt à la formation d'une arme est soumise à leur acceptation.

Les canons, après avoir subi l'épreuve de la poudre et de la salle d'humidité, et avoir été reconnus bons, sont poinçonnés, et portent le numéro du calibre auquel ils appartiennent. Ceux, au contraire, qui souffrent ou qui éclatent durant l'*épreuve*, sont détruits, et la matière en est remise à l'ouvrier, qui en fait le dépôt. La *baguette* est essayée à son tour : on la force à plier dans tous les sens, ce qui en fait découvrir les défauts. La *platine* confectionnée subit aussi son épreuve par la vérification et le jeu des pièces qui la composent. *Les matières employées* sont également soumises, avant d'être livrées à l'ouvrier, à une vérification scrupuleuse.

L'on peut dire aujourd'hui, que les *armes de guerre* fabriquées dans la *manufacture de Saint-Étienne*, peuvent le disputer avec avantage avec celles des autres manufactures de la France et de l'étranger. Cette fabrication possède sur ses rivales une grande supériorité dans les moyens de production, par le grand nombre d'ouvriers employés, en temps de paix, à la confection des armes de chasse, répandus dans un rayon de quelques kilomètres autour de Saint-Étienne; la facilité de se procurer du bon combustible à très-bas prix, et par les grandes améliorations introduites dans *l'étirage du fer*, le *dressage des canons* dans de vastes usines, la dessication presqu'instantanée des bois, au moyen de la vapeur; la confection et l'ajustage de toutes les pièces de la platine sur des modèles uniformes; enfin, la fabrication presque simultanée de toutes les pièces de l'arme, au moyen de machines très-ingénieuses, avantages qui permettent à cet établissement de donner, en temps de guerre, à sa fabrication un très-grand développement. Après la révolution de juillet 1830, les travaux de la fabrication des armes de guerre prirent un essor extraordinaire et peut-être sans exemple dans l'histoire de cette manufacture; outre une grande quantité d'*armes régulières*, on fabriqua aussi beaucoup de *fusils N° 1*, des sabres, etc., pour l'armement des Gardes nationales.

Armes de commerce. Des améliorations importantes ont été introduites, depuis quelques années, dans la fabrication du fusil de chasse. L'on se plaignait avec raison de l'inconvénient de l'ancienne manière d'amorcer : le coup partait lentement, ou ne partait pas du tout ; la poudre de l'amorce n'était pas à l'abri de l'humidité, les pierres se brisaient, etc. Pour remédier à ces inconvéniens, on a cherché à faire usage de la poudre fulminante, qui détonne par la percussion entre deux corps durs, et après un grand nombre d'essais, l'on a complètement réussi. Ces armes sont connues aujourd'hui sous le nom de *fusils à piston*. On avait imaginé, dans le principe, des platines à percussion intérieure, et puis à percussion extérieure. Dans les unes et les autres, le chien ne porte pas de pierre ; il est remplacé par un marteau, qui fait détonner la poudre fulminante par la percussion. Les platines à percussion intérieure, quoiqu'ayant l'avantage de mettre constamment l'amorce à l'abri de l'humidité, n'ont pas eu le succès qu'on en attendait, et le système des platines à percussion extérieure, ou à *capsule*, a été généralement adopté aujourd'hui.

Pour compléter ces documens, il me reste à donner quelques détails sur la confection des diverses pièces de l'arme. La fabrication du *canon* exige seule toute l'application de l'ouvrier. Ce tube, qui est la pièce importante du fusil, doit, pour présenter de la solidité, être fait avec le meilleur fer, et travaillé avec le plus grand soin. On distingue plusieurs sortes de canons, savoir : le *canon lisse non tordu*, formé d'une lame de fer plus ou moins forte, repliée sur elle-même et soudée ; c'est de cette manière que se fabrique le canon de l'arme de guerre ; le *canon demi-tordu*, formé avec un canon lisse ordinaire, que l'ouvrier chauffe avec précaution par petite partie, en commençant par le milieu, et qu'il serre chaque fois, par une de ses extrémités, dans les machoires d'un étau ; et, faisant entrer l'autre extrémité dans un *tourne-à-gauche*, il lui imprime un mouvement tel, que le nerf du fer qui se trouvait en long, décrit une spirale dans la partie chauffée. On obtient le *canon entièrement tordu*, en répétant cette opération sur toute sa longueur.

Un *canon tordu* ou *mi-tordu* bien fabriqué doit résister, plus que tout autre, à l'action de la poudre ; et, s'il venait à éclater, les fibres du fer se trouvant disposées en spirale, le tube pourrait beaucoup plus difficilement se briser en longs éclats, et il en résulterait beaucoup moins de danger pour le tireur.

Le *canon à rubans ordinaire* s'obtient en enveloppant une chemise de tôle, ou un vieux canon, par des *rubans* de fer ordinaire. L'ouvrier, après avoir plié ce ruban de fer dans la forme d'un ressort à boudin, le tourne sur cette chemise dans toute sa longueur, en ayant soin que toutes les jonctions soient le plus rapprochées que possible l'une de l'autre, et il le soude par petites chaudes, au marteau. Le ruban employé dans cette espèce de canon, est susceptible d'être plus ou moins bien travaillé. Lorsqu'on veut obtenir des canons d'un prix élevé, on emploie de l'acier et du fer forgés par *superposition*, ces lames sont placées en plus ou moins grand nombre, suivant la finesse des rubans que l'on veut obtenir. Ces deux matières sont soudées ensemble et étirées de manière à conserver sur leur plat les lignes parallèles des couches de matières, qui doivent, plus tard, devenir apparentes, au moyen des acides. Ce ruban ainsi composé, prend le nom de *ruban d'acier*.

Le *damas frisé* est composé de la même matière que ce même canon à rubans, seulement on a soin de réduire le ruban en baguettes carrées de 4 à 5 lignes, après quoi on les fait rougir de 4 à 5 pouces, et on les tord plus ou moins, suivant que l'on veut avoir le canon plus ou moins fin. On répète cette opération dans toute la longueur de la baguette, ayant soin que les tors soient toujours uniformes. Ces baguettes prennent une forme cylindrique et forment une sorte de taraud à 4 filets, provenant des 4 angles de cette baguette. Après cela on soude ordinairement 4 baguettes, les unes à côté des autres, pour en former un ruban qui est tourné sur une chemise de tôle et soudé de la même manière que le canon à ruban ordinaire. Les dessins, ou la frisure, produits par le mélange du fer et de l'acier, qui a pris diverses formes, sont découverts au moyen des acides nitrique ou sulfurique étendus d'eau. Plus le dessin est menu et correct, plus le prix du canon est élevé.

Les canons, après avoir été forgés, sont envoyés dans les usines où ils sont *dressés* extérieurement et *forés* intérieurement; ils sont ensuite envoyés à l'épreuve, qui est faite dans un local particulier, à peu près de la même manière que pour les canons des armes de guerre. Un contrôleur éprouveur, assisté d'une commission choisie parmi les principaux armuriers de Saint-Etienne, est chargé de diriger cette opération, qui consiste à essayer chaque canon de fusil en particulier, à double charge et à balle.

Après le canon, *la platine* est la partie du fusil dont la confection exige le plus de soin. Les platines se font en grande partie dans les villages de *Saint-Priest*, de *la Tour*, de *Saint-Héand*, etc., situés dans les environs de Saint-Etienne.

Les *fusils de chasse* et de luxe que fabrique Saint-Etienne, se répandent dans toute la France. On les exporte dans le levant, dans les colonies françaises, en Amérique, et enfin dans tous les pays. Les armes pour le *levant* sont garnies de divers ornemens en or ou en argent, et quelquefois de pierres précieuses, toujours conformes au goût des peuples auxquels elles sont destinées. On employait autrefois avec succès la gravure, la ciselure et la damasquinure, pour la décoration des armes de luxe. MM. Dupré, graveur de la monnaie à Paris, Dumarest et Galle, dont les noms ont acquis une juste célébrité dans l'art de la gravure, sont originaires de Saint-Etienne; et c'est dans les ateliers de cette ville, que s'est développé le premier germe de leur talent.

La fabrication des fusils embrasse tous les genres d'armes à feu: fusils à canne, à poignée, à canon brisé; fusils à vent, de sûreté, à pierre ou à piston de divers systèmes; carabines de tir, espingoles , tromblons , canardières ; pistolets de poche , de combat, etc.

VERRERIES. Environ 38 *fours de verreries* sont en activité à Rive-de-Gier, à Saint-Etienne, etc. : 26 fabriquent et livrent annuellement dans le commerce environ 20 millions de bouteilles , et divers articles de *gobeletterie ;* les 12 autres fabriquent plus de 7 millions de feuilles de *verres à vitre.* Ainsi la houille , ce précieux agent de reproduction, .convertit en marchandises les matières les plus inertes , du sable , des cendres , etc. , et crée par ce moyen , une valeur réelle d'environ 5 millions de francs.

Les propriétaires des verreries de Rive--de-Gier , qui sont les plus importantes de l'arrondissement , sont : MM. ROBICHON , LANNOIR , NEUVCEL , NINQUERIER , BERLIER-BONNARD , HUTTER et C., RICHARME trois frères, TEILLARD frères, ALIMAND-MATHIEU , GIRARD , AROUX , LEGAUT. On compte aussi à *Givors ,* dans le département du Rhône , environ 12 fours de verreries , appartenant à MM. BOLO, NEUVCEL, ROBICHON, GUILLOT, LOBRE.

25 *fours à chaux* fournissent la plus grande partie de celle employée dans les constructions et par les usines ; le surplus est produit par *Sury ,* situé dans l'arrondissement de Montbrison. Plusieurs *fours à plâtre* établis à Saint-Etienne et à Rive-de-Gier , fournissent aux besoins de la consommation locale.

Il existe dans l'arrondissement un grand nombre de *carrières de grès ,* qui s'exploitent à ciel-ouvert ; on en compte seulement 22 à Saint-Etienne et à peu de distance de cette ville. Les *pierres de taille* ou les *meules à aiguiser* que l'on retire de ces carrières , sont transportées dans l'arrondissement et dans les contrées voisines.

On compte aussi dans l'arrondissement un grand nombre de *tuileries* et de *briqueteries.* De notables perfectionnemens ont été apportés dans cette industrie , dans l'établissement de M. PLENEY , de Saint-Etienne. La machine dont M. TÉRASSON est l'inventeur , est aussi simple que ses effets sont prodigieux. Mise en mouvement par un cheval , elle pétrit la terre , moule les briques , au moyen de la pression d'un cylindre , les refend , les coupe , et les transporte sur l'aire à sécher. On peut obtenir de cette manière environ 3000 briques à l'heure.

La fabrication des briques et des creusets en *terre réfractaire* a aussi reçu, depuis quelques années, de grandes améliorations.

On trouve encore dans l'arrondissement quelques autres fabrications isolées , telles que papeteries , filatures de laine , fabriques de chapeaux , de noir animal, de noir à fumée , de produits chimiques , etc.

SOIES. La *culture des mûriers* et l'éducation des *vers à soie* sont soignées sur plusieurs points de l'arrond. : à *Bourg-Argental* et sur les bords du Rhône ; à *Sorbier* et à *Cornillon ,* sur les bords de la Loire. Ces contrées se livrent surtout à l'éducation du *ver Sina ,* qui fournit une soie blanche surpassant en beauté les plus belles *soies de la Chine ;* elle est presqu'exclusivement employée à la fabrication des blondes à *Caen* et au *Puy*. Il serait à désirer que cette culture s'étendît d'avantage ; c'est un produit d'autant plus avantageux, que la production de la soie touche au lieu de sa consommation.

Les *soies grèges* sont apprêtées dans des fabriques mises en mouvement par des cours d'eau ou par la vapeur. Elles y reçoivent le *doublage* et le *tordage* propres aux différens besoins des manufactures qui les emploient. Ces *moulins à soie* sont au nombre d'environ 115, et occupent, chacun, terme moyen, 15 ou 18 ouvrières, payées de 75 cent. à 1 fr. par jour ; un ouvrier mécanicien, ou contre-maître, qui reçoit de 2 à 3 francs, ce qui fait environ 1,800 personnes travaillant dans l'intérieur des moulins, outre environ 1,200 autres qui s'occupent, au-dehors, au dévidage, et gagnent 50 à 70 cent. par jour. L'accroissement de valeur qui résulte de l'*apprêt des soies* est évalué, y compris le bénéfice du *moulinier*, à environ 1,400,000 francs. C'est avec une partie de ces soies que se fabriquent les rubans de toute espèce ainsi que les lacets.

Rubanerie. La fabrication des divers articles de *rubans* a fait la fortune de St-Etienne et de St-Chamond ; sans cette branche importante d'industrie, ces deux villes bornées à l'exploitation des mines de houille et au travail des métaux, ne seraient jamais parvenues au point de prospérité où elles sont aujourd'hui.

La *fabrication des rubans* est très-ancienne dans l'arrondissement ; elle remonte à peu près au milieu du 16me siècle, époque où Lyon commença à fabriquer les *étoffes de soie* et les *rubans*. Cette industrie y acquit en peu de temps une certaine importance, puisqu'en 1605, les *ouvriers rubaniers* fondèrent une confrérie, dans l'église de Saint-Etienne. Mais cette industrie n'a pris un développement remarquable que depuis l'introduction des métiers mécaniques à plusieurs pièces à la *barre*, qui eut lieu vers 1750. Au moyen de ces métiers, un seul ouvrier put faire autant d'ouvrage que vingt autres sur les anciens métiers à une seule pièce, à la main, à la *haute et à la basse-lisse*.

La concurrence entre les fabriques de rubans de Saint-Etienne et de Saint-Chamond contribua à la perfection des produits, et c'est en recherchant sans cesse des procédés plus économiques, des dessins ou des formes plus propres à flatter les goûts ou les caprices de la mode, que l'on est arrivé à ce degré de perfection que l'on admire aujourd'hui. Les fabricans de rubans, par rivalité, continuent à mériter cette réputation universelle qu'ils ont acquise à juste titre.

Cette branche d'industrie, la plus importante de celles qui s'exercent dans l'arrondissement, occupe, dans un rayon de 20 kilomètres, environ 27,500 ouvriers des deux sexes.

Les *soies* employées s'élèvent annuellement à plus de 350,000 kilogrammes, valant environ 23 millions de francs. La mise en œuvre, l'intérêt des capitaux et le bénéfice des fabricans, sont

évalués aux trois cinquièmes de la matière première, ou environ
14 millions de francs, ce qui donne, pour cette seule branche
d'industrie, une production totale d'environ 37 millions de francs.

Les *préparations* que l'on fait subir à la soie, pour la fabrication des rubans, sont très-multipliées. Quelques fabricans achè-
tent la soie *grège* et la font *mouliner*, de manière à ce qu'elle
puisse servir aux divers emplois auxquels ils la destinent : le plus
grand nombre achète ses soies toutes *moulinées*. En général, elles
passent à la *condition* pour y être séchées et reconnues, ensuite
pantinées ou mises en flottes, puis remises aux *teinturiers*, qui
leur donnent les tons de couleurs que demande la consommation.

En sortant des mains du teinturier, la soie, dont le poids a été
reconnu, est envoyée immédiatement au *dévidage*. Ce travail est
confié à des femmes : le demi-kilogramme de *soie crue* leur est
payé environ 1 franc, et la *soie cuite* 1 franc 75 cent. Aussitôt
après le dévidage, la soie destinée aux *gazes-marabous* reçoit,
au moulin, un apprêt très-fort. Le fabricant fait exécuter ordinairement chez lui par des femmes, payées de 1 à 2 francs par
jour, l'*ourdissage* de la chaîne des rubans. Ce travail s'exécute
aussi à façon ou au poids, dans des ateliers particuliers. Les
chaînes destinées à recevoir des *chinés* sont préparées à Lyon
et à Saint-Étienne par des ouvriers qui s'occupent exclusivement
de cette partie.

Chaque fabricant de rubans façonnés a chez lui des *métiers
d'échantillons* de *basse-lisse* ou de *jacquard*, à une seule pièce,
à la main, sur lesquels il fait exécuter sans cesse de nouvelles
dispositions de rubans, qu'il soumet aux acheteurs. La *mise en
carte* des dessins est en grande partie faite par des personnes
attachées aux diverses fabriques. Le *lisage*, pour les métiers à la
jacquard, se fait, en général, dans des ateliers particuliers qui
travaillent pour le public.

Après avoir été ourdies et pliées sur de gros roquets, les chaînes sont ensuite confiées aux *ouvriers tisseurs* sur les métiers à
la *haute* et à la *basse-lisse*, ou à la *barre*. Des commis sont
chargés de parcourir, à cheval, les villages, pour remettre aux
ouvrières la chaîne des rubans à exécuter sur les métiers de
basse-lisse à une seule pièce, à la main, pour surveiller la fabrication et pour rapporter les pièces confectionnées.

Au sortir des mains de l'ouvrier, les rubans ne présentent
point encore cette apparence agréable et attrayante qui peut
en favoriser la vente ; ils sont soumis à diverses opérations :
l'*émouchetage* et le *découpage*, qui ont pour but de faire disparaître tout ce qui est dans le cas de nuire à l'effet du tissu,
sont exécutés dans la ville par des femmes. Le *cylindrage*, le
moirage, le *gauffrage*, l'*impression* en couleurs (au moyen de
rouleaux et de planches), sont faits à façon dans des ateliers
particuliers.

Après leur entrée dans les magasins du fabricant, les rubans sont *aunés*, puis pliés avec soin sur des rouleaux ; ils sont renfermés dans des cartons, et en cet état livrés au commerce. Peu de fabricans expédient directement à l'étranger.

Les rubans se fabriquent généralement sur trois sortes de métiers bien distinctes, savoir : à une seule pièce à la *basse* et *à la haute-lisse ;* et à plusieurs pièces *à la barre*. Chaque genre de métiers confectionne des rubans différens. On compte environ 18,000 métiers de *basse-lisse* disséminés dans les campagnes, dans un rayon de quelques lieues, autour de Saint-Etienne ; 400 métiers de *haute-lisse* à Saint-Etienne, Saint-Chamond et Saint-Didier, dont quelques-uns ont reçu l'application de la *mécanique à la Jacquard*. A l'exemple des Lyonnais, quelques ouvriers de Saint-Etienne et de Saint-Chamond avaient essayé d'introduire dans leurs ateliers l'usage des *battans a plusieurs pièces* à la main ; mais cette application n'a pas eu le succès que l'on en espérait.

On évalue le nombre des *métiers à la barre* à plus de 5,000, dont près de la moitié a reçu l'application de la *mécanique à la Jacquard*. Ces métiers ont été perfectionnés depuis quelques années, par l'adoption des *battans à procédés*, qui ont facilité la fabrication. Il n'y a qu'environ les deux tiers des métiers de rubans de tous genres qui travaillent habituellement. La fabrication s'élève à environ 350,000 aunes de rubans par jour ; elle est dirigée par 215 fabricans et plus de 500 commis.

Une nouvelle industrie s'est établie depuis 1833 dans l'arrondissement de Saint-Etienne ; c'est la fabrication des *tissus-élastiques*, qui ont le *caout-chouc* pour chaîne, et dont la trame est faite de coton, de soie ou de laine. Outre les articles *de passementerie*, comme rubans, ceintures, bretelles, jarretierres, sangles, etc., cette fabrication paraît encore susceptible de recevoir un grand nombre d'autres applications dans les arts.

Les premiers *tissus-élastiques* qui furent livrés dans le commerce, et qui provenaient des fabriques de Paris, étaient formés au moyen de *lacets-élastiques*. Mais Saint-Etienne, où tant d'industries ont été perfectionnées dès leur naissance, ne tarda pas à supprimer le métier à lacets, et à appliquer cette fabrication à la forme de ses métiers, au genre de leur travail, et l'a mise à la portée de tous les ouvriers ; ces nouveaux produits ont encore l'avantage d'être beaucoup moins dispendieux et beaucoup plus élastiques.

Les lacets de soie et de coton se confectionnent sur des métiers mis en mouvement par l'eau ou par la vapeur. Ces métiers, au nombre d'environ 2,200, produisent 175,000 aunes de lacets, par jour. Une ouvrière suffit pour surveiller environ 15 métiers, et un mécanicien par fabrique. Cette industrie emploie environ 1 million de matières premières. Cette valeur est doublée par le travail, la teinture, la main-d'œuvre, etc. Cette fabrication occupe près de 1,000 ouvriers.

Le tableau suivant indique l'importance et la valeur des *produits*
de chaque branche d'industrie dans l'arrondissement.

	Nombre d'ouvriers	Valeur des produits.
Extraction de la houille.	3,500 —	8,000,000 de fr.
Mines de fer, hauts fourneaux. . . .	800 —	1,500,000
Forges à l'anglaise.	1,500 —	5,400,000
Aciéries, limes, etc.	450 —	1,700,000
Fabrique des articles de quincaillerie.	6,200 —	5,300,000
Armes de guerre et de chasse. . . .	4,800 —	4,500,000
Verreries.	1,300 —	4,000,000
Fabrique des divers articles de rubans.	27.500 —	37,000,000
Fabrication des lacets.	1,000 —	2,000,000
Papeteries et produits divers.	1,650 —	3,000.000
TOTAL.	48,500 ouvr. —	73,200,000 de fr.

Dans ce tableau, il n'est question que des branches d'industrie
qui versent des *produits* dans le commerce. Ces chiffres auraient
été bien plus élevés, si on avait fait figurer les chemins de fer,
les canaux, et une foule d'autres établissemens plus ou moins
importans, qui satisfont uniquement aux besoins de la consommation locale. Quoi qu'il en soit, une valeur de plus de 73 millions de
francs, créée chaque année par les établissemens industriels de ce
seul arrondissement, doit lui donner une haute importance.

L'instruction primaire est favorisée par les Administrations
municipales dans les trois principales villes de l'arrondissement,
Saint-Etienne, Saint-Chamond et Rive-de-Gier. Les enfans de
l'un et de l'autre sexe apprennent gratuitement à lire et à écrire
dans les écoles tenues par les *frères de la doctrine chrétienne*
et par les *sœurs de Saint-Charles*. A Saint-Etienne, le nombre
des enfans des deux sexes qui fréquentent les écoles, est de plus
de 4,000, dont 3,700 sont admis dans les écoles gratuites, et le
surplus au collége et dans les institutions particulières.

Il n'y a pas d'*écoles normales primaires* dans l'arrondissement;
mais, grâce à la munificence de M. BOUCHARD-JOVIN, que la mort
vient d'enlever à Saint-Etienne, on ne tardera pas à avoir bientôt
des écoles de ce genre et d'autres établissemens publics. A Rive-
de-Gier, le nombre des élèves qui fréquentent les écoles, est de
près de 1,000 ; à Saint-Chamond, il est d'environ 1,100, dont
près de 800 reçoivent une instruction gratuite, et le surplus dans
le collége et les écoles particulières. La population de ces trois
villes étant d'environ 55,000 habitans, les étudians sont à peu
près dans la proportion de 1 sur 9. Je dois ajouter, que dans
les communes rurales, l'instruction est beaucoup moins répandue.

On conçoit, que les productions agricoles d'un espace aussi res-
serré que celui de l'arrondissement de Saint-Etienne, qui renferme
d'ailleurs un grand nombre de terrains incultes, sont insuffisantes
pour l'approvisionnement de ses habitans : aussi sont-ils obligés de
tirer des deux autres arrondissemens de *Roanne* et de *Montbrison*,
et des départemens voisins, les *grains*, les *vins* et une foule d'autres
objets nécessaires à leur consommation.

La consommation de Saint-Etienne a été, en 1834, de 32,881 hectolitres de *vin*, 825 *d'eau-de-vie*, 7,031 *de bière*, 4,152 *bœufs* ou vaches, 11,316 *veaux*, 41,584 *moutons*, 5,135 *agneaux*, 3,386 *porcs*, 16,454 quintaux de *foin*, 9,016 hectolitres *d'avoine*; et le produit de l'octroi s'est élevé à 399,640 francs.

Ces quantités relevées sur les registres de l'octroi, doivent encore être augmentées de tout ce qui est entré en fraude.

La *ville de Saint-Etienne* a un Tribunal de première instance, composé de deux Chambres; un Tribunal et une Chambre de commerce; un Conseil de prud'hommes; deux Justices de paix; des Prisons; deux Hospices pour les malades, les vieillards et les orphelins; un Collége; une Ecole gratuite de dessin et une Ecole de mineurs; une Condition pour la dessication des soies; un vaste Hôtel-de-ville, renfermant un cabinet d'Histoire naturelle et un Musée industriel, destiné à recevoir les produits des fabriques de l'arrondissement; enfin, une Caisse d'épargnes et divers Etablissemens de providence et de charité.

Plusieurs Eglises ont été relevées depuis quelques années; on a l'intention d'en construire, sur la place Marengo, une nouvelle, devenue nécessaire à cause de l'accroissement de la population. On a construit aussi un grand nombre de Fontaines dans plusieurs quartiers de la ville.

L'agriculture n'a pas fait des progrès bien remarquables. Le territoire de l'arrondissement, qui était évalué à 102,487 hectares, n'a réellement, d'après le cadastre terminé en 1834, qu'une étendue superficielle de 98,203 hectares; il est généralement peu fertile. Coupé à l'est et à l'ouest par la chaîne des montagnes de *Pila*, il a l'aspect du nord et est très-froid. Il est, en grande partie, occupé par la culture des céréales, dont on évalue les récoltes à 14,000 hectolitres de froment, 60,000 de seigle, 600 d'orge et 15,000 d'avoine. Les vallées sont, en général, couvertes de prairies naturelles qui permettent d'élever un grand nombre de bestiaux.

Les montagnes, autrefois couvertes de *bois* essence de *sapin*, sont maintenant, pour la plus part, presqu'entièrement dépouillées; l'exploitation de celles que la hache a encore respectées, fournit à la consommation locale et à une exportation d'environ 200,000 francs par an. La *vigne* n'est cultivée que dans les cantons de Pélussien et de Rive-de-Gier, où elle occupe plus de 1,000 hectares.

La *société industrielle* de Saint-Etienne s'attache à répandre les meilleures méthodes de culture, à faire connaître les avantages des assolemens réguliers, et de la suppression des jachères; à propager l'établissement des prairies artificielles et l'usage des instrumens perfectionnés, en même temps qu'elle signale les progrès des arts industriels et les nouveaux procédés de fabrication. Elle espère que les chemins de fer rendront beaucoup de bras à l'agriculture, et que l'industrie agricole, dans l'arrondissement, obtiendra, avec le temps, les mêmes perfectionnemens que l'industrie manufacturière.

NOTICE SUR S^T-CHAMOND.

L'origine de la ville de *Saint-Chamond* est peu connue ; quelques personnes prétendent qu'elle pourrait bien remonter à l'époque à laquelle les Romains construisirent les aqueducs destinés à la conduite des eaux du ruisseau du Gier et d'une partie de celles du Furens à Lyon.

M. Flachat, ancien curé à Saint-Chamond, avait préparé des matériaux pour l'histoire de cette ville ; il avait aussi réuni, dit-on, des médailles qui auraient pu jeter un grand jour sur son origine ; mais à l'époque des désastres de la révolution, ces matériaux furent dispersés, et depuis lors on s'est peu occupé de cet objet.

On prétend que vers l'an 640, Saint-Ennemond, que l'on nommait aussi Saint-Chaumond, originaire de *Saint-Chamond*, devenu Archevêque de Lyon, fit construire l'église collégiale de St-Jean. Elle présentait la singularité d'un clocher sous une église et d'une église sous les jardins d'un *château* fortifié, qui dominait toute la ville. L'église et le château sont en ruines depuis 1793.

Vers le milieu du 16me siècle, la famille Gayotti, originaire du Piémont, vint se fixer à Saint-Chamond, et y apporta l'industrie du *moulinage des soies :* c'est à elle que l'on doit des améliorations dans la préparation et la filature de cette matière ; on remarque encore dans plusieurs maisons de la ville des vestiges de fabriques à soie de 3 à 4 *moulins ronds* à la bolonaise (nombre prescrit par les règlemens des maîtrises), qui étaient mis en mouvement par des chevaux ou des bêtes de somme. Depuis long-temps ces moteurs ont été remplacés avec beaucoup d'avantage par les machines hydrauliques.

Cette ville, qui ne comptait alors que 3,000 ames, prit dès ce moment un accroissement tellement rapide, que la population a presque doublé depuis cette époque. Elle s'élevait déjà, en 1806, à 5,800 ; en 1827, à 6,834 ; et en 1835, à 7,475 habitans.

La peste ravagea la ville de Saint-Chamond en 1620 et 1628. On prétend qu'elle fut communiquée par des ballots de soie qu'un moulinier avait reçus en contrebande de Marseille. A cette époque, les biens de l'*hôpital* furent considérablement augmentés par les dons de plusieurs personnes, victimes de la peste. Cet établissement a été agrandi en 1790, puis enfin en 1828.

L'*hospice de la Charité*, fondé en 1773 par MM. Nolhac et Flachat, fut détruit en 1793 ; il a été transféré, en 1804, par les soins de M. Dervieux, curé de Saint-Pierre, dans un bâtiment voisin de l'hôpital. On compte, dans cet établissement, 50 lits d'orphelins ou enfans pauvres, dont l'éducation est confiée aux sœurs de Saint-Joseph.

Plusieurs branches d'industrie constituent aujourd'hui le commerce de Saint-Chamond. Le *moulinage des soies* grèges et marabous ; la fabrication des rubans unis et façonnés, celle des velours, padous, galons, ganses et lacets ; la production de la fonte dans les hauts-fourneaux au coke, et le travail du fer dans des forges à l'anglaise ; la fabrication des clous, etc. Les usines à soie et fabriques de lacets, sont au nombre d'environ 3o. Il existe aussi à Saint-Paul-en-Jarret et dans les contrées voisines, un grand nombre d'usines où l'on s'occupe de l'ouvraison des soies. Le dévidage des soies grèges est obtenu, en grande partie, par les femmes de la campagne.

La *fabrique de rubans* de Saint-Chamond a joui de tout temps d'une réputation justement méritée. Avant 1790, on comptait près de 1,200 métiers de *haute-lisse*, employés au tissage des rubans façonnés, brochés or et argent, etc. Il ne reste plus aujourd'hui que quelques métiers de ce genre ; les autres ont été remplacés par les métiers à une ou plusieurs pièces à la jacquard. Ces métiers sont répartis ainsi qu'il suit :

60 métiers de HAUTE-LISSE employés à la fabrication de la passementerie.
5o idem à la JACQUARD à une ou plusieurs pièces à la main.
100 idem à la BARRE pour taffetas et satins, galons unis, velours, etc.
70 idem à la BARRE à tambour, pour petits façonnés.
3oo idem à la BARRE à la jacquard, en 4oo, 6oo et 9oo cordes.
———
58o métiers en tout, dont plus des deux tiers travaillent toute l'année.

Il existait autrefois aux environs de Saint-Chamond, 3oo petits métiers à une seule pièce à la main, employés à la fabrication des *ganses* ou cordonnets. Ce nombre a beaucoup diminué : il ne s'élève presque pas à plus de 5o aujourd'hui. Une ouvrière peut gagner environ 4o centimes par jour sur un de ces petits métiers.

Le nombre des *fabricans de rubans* ou de lacets, est d'environ 3o, qui occupent près de 2,5oo ouvriers à Saint-Chamond et à proximité de cette ville. Outre cela, la fabrique de Saint-Chamond, concurremment avec celle de Saint-Etienne, occupe dans cette dernière ville et dans les campagnes, d'autres ouvriers employés à la fabrication des rubans unis ou façonnés de tous genres.

Un des plus honorables habitans de cette ville, M. DUGAS-VIALLIS, avait monté, il y a quelques années, plusieurs métiers à tisser, qui étaient mis en mouvement par un moteur peu dispendieux. Une ouvrière, payée environ 1 franc 5o centimes par jour, surveillait deux *métiers à la barre*, de 8 à 12 pièces.

Saint-Chamond possède une Chambre consultative, un Conseil de prud'hommes, une Condition des soies ; son Collège qui date de 1812 a été établi dans l'ancien couvent des Minimes ; il compte un grand nombre de pensionnaires et d'externes.

Le petit village d'*Izieux*, près de Saint-Chamond, remonte dit-on, à la plus haute antiquité. M. le curé FLACHAT assurait avoir eu en sa possession des médailles qui indiquaient que les Romains y avaient un Temple dédié à *Isis*, d'où on ferait dériver le nom

4

d'*Izieux*. On prétend reconnaître encore quelques vestiges de ce Temple dans les pierres qui composent le portail de l'église d'Izieux, restaurée en 1581. C'est à la *Valiselle*, sur la route de Saint-Chamond à Saint-Etienne, qu'on aperçoit les restes de l'*aqueduc* construit par les Romains, qui était destiné à amener des eaux du Gier et du Furens à Lyon.

C'est aussi à Izieux que l'on prétend que furent établis les premiers métiers à plusieurs pièces à la *zurikoise*, apportés de la Suisse en 1750 par MM. Dugas. La personne qui était attachée à la surveillance de cette fabrication, avait reçu la dispense d'assister aux offices divins, et ne sortit pas de la manufacture pendant plusieurs années, tant on craignait que le secret de cette nouvelle industrie ne fût connu. Cette entreprise qui ne réussit pas d'abord, obtint, quelques années après, tout le succès qu'on pouvait en espérer. M. Flachat de Saint-Chamond, qui publia en 1756 la relation d'un voyage qu'il avait fait dans le levant et dans la Suisse, donna quelques détails sur la fabrication des rubans au moyen de ces métiers, et contribua aussi beaucoup au développement de cette branche d'industrie.

On compte aujourd'hui à Izieux sept fabriques de *lacets*, parmi lesquelles on remarque celle de M. Richard-Chambovet. Dans cette belle usine, on remarque des métiers à lacets perfectionnés, des métiers à tisser mécaniques, et les machines à ouvrer les soies nouvellement importées d'Angleterre par M. Richard. Enfin un calorifère à air et un éclairage au gaz hydrogène de 200 becs, construit par M. Jules Rénaux, qui vient de terminer depuis peu de temps l'éclairage au gaz de la ville de Lyon.

NOTICE SUR RIVE-DE-GIER.

La ville de *Rive-de-Gier*, qui occupe aujourd'hui les deux bords de la rivière du *Gier*, d'où elle a tiré son nom, n'était assise autrefois que sur la rive droite. On prétend qu'elle était alors entourée de murailles, de fossés, et dominée par un château fort, dont le temps et les guerres ont amené la destruction. On en aperçoit encore quelques vestiges.

La *population* de Rive-de-Gier était, en 1806, de 5,300; en 1820, de 6,456; en 1827, de 8,111; et aujourd'hui, de 9,706 habitans. Cette ville n'offre rien de remarquable, si ce n'est son aspect, qui est celui de toutes les villes industrielles, qui se livrent à l'exploitation des mines de houille, des verreries et au travail des métaux. Aussi son atmosphère épaissie par les vapeurs et la fumée des fabriques et des usines, révèle-t-elle au voyageur étonné la prodigieuse activité de ses habitans.

Les élémens qui concourent à la prospérité de Rive-de-Gier, sont: des *mines de houille*, dont la qualité est supérieure à toutes celles connues en France; de vastes établissemens de *verreries*

qui fabriquent des verres à vitres, des bouteilles et de la gobeletterie, qui s'exportent, par eau, dans tout le midi de la France
et jusqu'aux ports de l'Océan ; de vastes *usines à fer* et des
fabriques d'*acier* fondu, d'après les procédés anglais ; un grand
nombre d'ateliers de forge, de fonderies, d'ajustages et de construction pour les machines à vapeur ; plusieurs fours à chaux
et à plâtre ; des moulins et des pileries de matières, mis en mouvement par la force de la vapeur ; des fabriques de noir à fumée ;
et enfin des usines où l'on donne l'apprêt aux soies, situées dans
les environs de cette ville.

Les *mines de houille* de Rive-de-Gier sont les plus importantes de l'arrondissement de Saint-Etienne ; elles fournissent annuellement environ 4 millions de quintaux métriques, dont une partie
est consommée par les habitans, par l'industrie du pays et des
contrées environnantes ; et l'autre est exportée dans un grand
nombre de départemens.

Les *concessions*, au nombre de 28, sont, en général, très-
restreintes, et les exploitations conduites avec beaucoup d'activité.
On arrive, au moyen de *puits verticaux*, aux couches de houille
les plus profondes, que l'on extrait au moyen de *galeries*. Il n'y
a point de *fendues*, et les ouvriers descendent dans l'intérieur
des mines dans les bennes destinées à la sortie de la houille.
Les puits ont, en général, une plus grande profondeur qu'à Saint-
Etienne.

Les exploitations de Rive-de-Gier ont ordinairement pour objet
deux couches principales de houille : l'une connue sous le nom
de *couche de dessus*, et l'autre sous celui de *bâtarde*.

La *couche de dessus*, qui a environ 8 à 12 mètres d'épaisseur,
est ordinairement divisée en deux bancs de houille, d'épaisseur
à peu près uniforme, par un *nerf* de un à deux mètres. Au-
dessus du nerf se trouve la partie désignée sous le nom de *maréchale*, dont la houille a pour caractère particulier d'être très-
chargée en bitume, d'un noir très-intense et à éclat résineux.

Elle brûle et s'enflamme facilement en produisant une très-
grande flamme : elle se boursoufle beaucoup et forme une espèce
de voûte en se coagulant, ce qui ralentit la combustion dans une
forge de maréchal, où l'air est lancé avec des soufflets. Cette
voûte concentre la chaleur, et le fer qui y est placé est de suite
fortement échauffé, en même temps qu'il se trouve à l'abri du
contact de l'air extérieur. Ces propriétés ont fait juger cette
qualité de houille très-propre aux travaux de forge.

Au-dessous de la maréchale, se trouve la partie appelée *Bourrue*
ou *Raffaud*, dont la houille, en générale, beaucoup moins bitu-
mineuse que la maréchale, est d'un brun noirâtre.

La *couche de dessous*, appelée *Bâtarde*, est séparée de la
couche de dessus par une masse de terrain d'environ 25 à 40 mètres
d'épaisseur ; elle est aussi partagée en deux *bancs* de houille,
par un *nerf* d'environ 1 à 2 mètres d'épaisseur.

La *bâtarde* fournit ordinairement de la houille pyriteuse et de médiocre qualité, mêlée de beaucoup d'argiles et de schistes, ce qui contribue à rendre, en général, son exploitation peu avantageuse.

La méthode d'exploitation usitée aujourd'hui à Rive-de-Gier, parfaitement appropriée à la localité, a reçu d'une longue expérience, tous les degrés de perfection que l'on peut desirer : on continue de pratiquer l'ancien mode d'extraction par *puits* et par *galeries;* celui par *remblais* n'est pas souvent mis en usage.

En 1769, ZACHARIE, de Lyon, forma le projet d'un *canal* qui devait mettre en communication le Rhône et la Loire : ce canal devait avoir son embouchure dans le Rhône à *Givors;* remonter par la vallée du Gier, jusqu'à Rive-de-Gier et Saint-Chamond, et par celle du Janon, jusqu'à Saint-Etienne, point de partage des eaux ; de là, il devait se prolonger jusqu'à la Loire par la vallée du Furens.

Ce canal n'a été terminé que depuis Givors jusqu'à Rive-de-Gier, sur une longueur de 15,480 mètres. Il fait communiquer cette ville et les exploitations de houille avec le Rhône, et a puissamment contribué à l'accroissement et au développement de l'industrie locale.

Le *canal de Givors* est bien construit; il se compose de 28 *écluses*, qui rachètent les pentes de la vallée. Il a deux grands *bassins* revêtus de pierre de taille : l'un à Rive-de-Gier, l'autre à Givors. La navigation est entretenue par les eaux du *réservoir de Couzon*, lorsque celles du Gier sont insuffisantes. Ce réservoir, très-remarquable, est situé au sud de Rive-de-Gier, dans une des gorges du Mont Pila ; il est établi dans une vallée profonde, et s'appuie par une chaussée ou mole en maçonnerie, sur le flanc des deux montagnes voisines. La capacité de ce réservoir est telle, qu'elle suffit pour remplir presqu'entièrement le canal, au moment où on le remet en activité. Le *hallage* est fait ordinairement au cordeau, par des hommes qui remorquent les bateaux chargés de houille ou de diverses marchandises. Ils restent environ 18 heures pour faire le trajet de Rive-de-Gier à Givors. Pour le retour, ils remontent des sables, des minerais, et les autres matières nécessaires aux fabriques du pays.

Le bassin où se chargent et se déchargent les bateaux, les quais qui l'environnent, l'hôtel et les magasins de la compagnie du canal, à Rive-de-Gier, sont dignes de fixer l'attention des étrangers.

Une ordonnance rendue en 1831, a autorisé le prolongement de ce canal, sur une longueur de 5,000 mètres, jusqu'à la *Grand' Croix.*

Les *verreries* de Rive-de-Gier sont les plus importantes qui existent au monde. Avec plus de 30 fours, elles produisent annuellement près de 20 millions de bouteilles et divers autres articles de gobeletterie, et plus de 7 millions de feuilles de verres à vitres. Cette branche d'industrie a reçu depuis quelques années de grandes améliorations, soit par la construction des *fours*, qui a permis d'apporter une grande économie dans le combustible, soit en substituant de nouveaux fondans à ceux déjà employés. Ainsi on a remplacé le *sous carbonate de soude* ou salin, produit de la combustion des plantes salines, par du *sulfate de soude*.

La fabrication des creusets en terre réfractaire, et le pilage des matières premières, ont lieu aujourd'hui dans plusieurs établissemens, au moyen de machines à vapeur.

Pour compléter ces documens, je crois utile d'entrer dans quelques détails sur la fabrication du verre à Rive-de-Gier.

Le *verre noir* s'obtient en mettant du sable et du sulfate de soude tamisés, dans des creusets en terre réfractaire, dans des fours chauffés avec de la houille de qualité inférieure. Lorsqu'au bout de 10 à 15 heures la vitrification s'est opérée, le verre est pris dans les creusets avec des cannes à souffler, par les ouvriers verriers, qui donnent aux bouteilles et aux divers objets de verroterie, les formes demandées par les besoins de la consommation.

Le *verre blanc* s'obtient ordinairement en employant du silex ou quartz calciné, pulvérisé, tamisé et mêlé avec de la potasse, de la soude ou du salin.

Pour obtenir le *verre à vitre*, on emploie ordinairement du silex ou quartz calciné, de la chaux brûlée, du sulfate de soude et du charbon de bois. On forme avec la matière en fusion des *manchons* que l'on coupe ensuite dans le sens de leur longueur et que l'on étend dans un four chauffé au bois.

On se sert, dans la fabrication des *verres de couleur*, de diverses compositions, telles que le manganèse, l'azur, etc., que l'on introduit dans les matières premières en fusion.

MINES DE FER.

M. Gallois, ingénieur en chef des mines, est le premier qui ait appelé, en France, l'attention sur les minerais de fer des houillères, et qui ait appris à les traiter en grand, d'après les procédés anglais.

Pendant son séjour à *Geislautern*, il avait voulu tenter un premier essai, pour le traitement du minerai houiller. Cette expérience ne fut pas couronnée d'un plein succès. Peu d'années après, différens autres essais eurent lieu, et n'en obtinrent pas davantage. Ce savant ingénieur, qui avait beaucoup vu et beaucoup observé pendant ses nombreux voyages, pensa que les dépôts ferrifères des terrains houillers se rattachaient à un fait général ; et, sur quelques renseignemens qu'il avait recueillis à l'étranger, sur la nature et le gisement des *minerais de fer anglais*, il en conclut que les minerais de fer des houillères étaient de la même formation que les terrains houillers, et que toutes les couches de houilles renfermaient des couches plus ou moins abondantes de minerais.

Forcé, par les événemens de 1813 et 1814, d'abandonner l'*Illyrie*, il rentra en France, et dès lors son premier soin fut de vérifier ses conjectures. Appelé à Saint-Etienne, il reconnut bientôt sur plusieurs points du bassin houiller, des gisemens importans de minerais de fer. Pendant les années 1815, 1816 et 1817, il entreprit, à ses frais, le voyage d'Angleterre ; et, durant son séjour dans ce pays, il en étudia avec soin la constitution géologique ; il observa les divers modes de traitement mis en usage, les améliorations introduites dans les exploitations et dans les travaux métallurgiques, enfin l'utilité des *chemins de fer*.

Il reconnut que là, comme partout, les dépôts houillers accompagnaient les mêmes minerais de fer ; que les formations houillères appartenaient toutes à la même époque, et qu'elles présentaient dans leurs gisemens les mêmes circonstances.

De retour, à la fin de 1817, M. GALLOIS publia un mémoire fort détaillé sur la nature et le gisement de ces minerais, connus sous le nom de *fer carbonaté lithoïde*, et peu de temps après, en 1819, il organisa, pour les exploiter, la *compagnie anonyme des mines de fer de Saint-Etienne*.

Il demanda pour son établissement la concession des minerais de fer du bassin houiller de Saint-Etienne, celle du terrain houiller et des mines de Lachaux et de Terre-noire ; il sollicita du gouvernement et obtint la permission de construire 5 *hauts-fourneaux* au coke, et une *forge à l'anglaise* pour la conversion de la fonte en fer malléable. A cette époque, M. GALLOIS publia un autre mémoire rempli d'intérêt sur les *chemins de fer* ; il fit connaître les avantages de ces nouveaux moyens de communication, et provoqua leur établissement en France.

En créant des établissemens inconnus dans le pays, en important en France une industrie nouvelle, M. GALLOIS devait rencontrer de nombreuses difficultés : il sut les applanir ; sa persévérance et son génie surent triompher de tous les obstacles ; il ne jouit pas long-temps du fruit de ses travaux : à peine l'établissement qu'il avait créé était-il en activité, qu'une mort prématurée vint l'enlever à ses nombreux amis et aux arts industriels auxquels il venait de rendre un si grand service. Peu avant, il avait reçu la récompense la plus flatteuse, la distinction la plus honorable due à son mérite, la croix de la Légion-d'Honneur et une médaille d'or. C'est à ce savant et modeste ingénieur que la France métallurgique doit une partie de sa prospérité ; c'est lui qui a introduit en France le traitement des *minerais lithoïdes*, et qui a donné dans l'arrondissement de Saint-Etienne cette impulsion aux établissemens de *hauts-fourneaux* et de *forges à l'anglaise*, qui servent aujourd'hui de modèles à toutes les entreprises de ce genre. Sa mémoire sera à jamais chère aux habitans de Saint-Etienne.

La *compagnie des mines de fer de Saint-Etienne* fut formée au moyen de 1,000 actions de 1,500 francs ; en 1824, ayant reconnu que cette somme n'était pas suffisante pour terminer cet établissement, on eut recours à un emprunt de 500 francs sur chaque action. Jusqu'en 1829, cette entreprise, confiée à un directeur, n'avait pu réaliser les bénéfices qu'elle aurait pu faire espérer, ce qui détermina les actionnaires à employer un mode d'administration moins désastreux, au moyen duquel chaque partie fut confiée à un entrepreneur particulier. Malgré cela, chaque année étant marquée par des pertes, cette compagnie s'est vue forcée de suspendre ses travaux. Ils n'ont été repris qu'en 1834, par MM. Neyrand et Thiollière, de Saint-Chamond, qui ont affermé cet établissement pour quelques années. Enfin ces deux hauts-fourneaux avec tout le matériel qui en dépend, viennent d'être vendus à MM. Boigues et fils de Paris.

Hauts-fourneaux de Janon. Les deux *hauts-fourneaux de Janon*, ont chacun 45 pieds d'élévation, depuis le fond du *creuset* jusqu'au *geulard;* leur forme extérieure est celle d'une pyramide quadrangulaire. L'intérieur des fourneaux se divise en plusieurs parties, savoir : le foyer supérieur et l'étalage, formant un grand foyer, dont la forme est celle de deux cônes renversés base à base, dans lequel se prépare et s'opère la fusion des minerais. La *fonte* se rassemble dans le creuset, placé immédiatement au-dessous. Une cheminée cylindrique, qui couronne la partie supérieure de chaque fourneau, sert à charger régulièrement le fourneau d'un volume ou d'un poids déterminé de *coke*, de *minerai* et de *castine*.

Une *soufflerie*, mue par une machine à vapeur de la force de 85 chevaux, fournit du vent aux deux hauts-fourneaux. L'oxigène de l'air met en combustion toute la colonne de coke et le minerai qui remplit le fourneau : le charbon s'empare de l'oxigène du minerai, et la *castine* forme, avec l'*alumine* et la *silice* du minerai, une sorte de verre terreux et opaque, qui constitue les *laitiers;* ils se tiennent à la partie supérieure, en vertu de leur légèreté, et on les fait écouler par une ouverture pratiquée au-dessus du bord supérieur d'une plaque appelée *Dam*.

Le métal, réduit à l'état de *fonte*, tombe, goutte à goutte, dans le creuset, qui peut contenir environ 24 pieds cubes de fonte. Lorsque le creuset est plein, ce qui arrive de 12 en 12 heures, on le vide, en donnant issue au métal, qui s'écoule en dehors et va se mouler en *saumons*, sur une aire de sable préparée à cet effet sur le sol de la fonderie.

Les *minerais de fer* que l'on a traités jusqu'à ce jour dans les hauts-fourneaux de Janon, sont : le *fer carbonaté lithoïde*, fer des houillères, dont la richesse varie beaucoup, et dont les plus pauvres contiennent de 17 à 20, et les plus riches, de 40 à 50 pour °/₀ de fer. On rencontre ordinairement ce minerai en masses de quelques décimètres d'épaisseur, au-dessus, au-dessous et même dans l'épaisseur des couches de houille; dans ce dernier cas il est le plus souvent à l'état de *sulfure*. Il se rencontre aussi en rognons isolés et en petites veines, dans les schistes houillers interposés entre les grès houillers; son poids et presque le seul caractère qui le fasse distinguer des grès et des argiles schisteuses qui accompagent la houille ; et souvent même ce minerai n'est, à proprement parler, autre chose que ces grès imprégnés de *fer carbonaté*. Le minerai est ordinairement *grillé* avant d'être porté aux fourneaux : à cet effet, des fours sont construits près de la halle au chargement.

Parmi les minerais étrangers à la localité, qui ont été employés avec avantage dans les hauts-fourneaux de l'arrondissement, on doit comprendre le *minerai hématite de la Voulte*, petite ville située à 1 kilomètre du Rhône, dans le département de l'Ardèche ; les *minerais calcaires oolitiques de Villebois* (Ain) ; et les *minerais en grains* de la Haute-Saône et de Saône-et-Loire, qui sont exploités dans les environs de Macon, Gray, etc.

Le *minerai de la Voulte* se trouve presque dans toutes les variétés : à l'état de carbonate, d'oxide, d'hydrate, de sulfure, et quelquefois même à l'état oligiste. Dans ce cas, il ne présente pas de cristaux, mais sa cassure est à gros grains imperceptibles, ayant l'aspect métallique.

La richesse de ce minerai est très-grande ; dans les échantillons de choix, elle donne de 60 à 70 ; et dans les plus pauvres, de 30 à 40 pour $^o/_o$. Les minerais de fer de la Voulte sont de la nature de ceux connus en géologie sous le nom de *fer des terrains calcaires*. Les couches de fer de la Voulte sont enclavées dans une roche calcaire grise, compacte, à grains fins, renfermant des coquilles fossiles, et notamment beaucoup d'ammonites de toutes les dimensions. Ce calcaire, appelé *Calcaire jurassique*, est superposé lui-même au terrain houiller qui occupe toute la vallée de Privas.

Les *couches* sont au nombre de trois : l'une d'elles, la *première*, a environ 40 pieds d'épaisseur ; mais elle est très-variable ; la *seconde* est en amas, et paraît être formée de dépôts et d'alluvions ; la *troisième*, enfin, se compose de plusieurs couches de diverses puissances, qui n'ont pas une allure régulière et qui divergent, tantôt dans un sens, tantôt dans un autre. La couche principale est exploitée régulièrement par galeries ; elle incline d'environ 60 degrés à l'horizon ; sa direction est du sud-ouest au nord-est ; sa puissance et l'abondance du minerai sont telles, qu'elles pourraient fournir pendant longtemps à l'alimentation de plusieurs hauts-fourneaux.

Une heureuse disposition du terrain permet de charger le minerai à la mine sur un chemin de fer qui le conduit sur une aire, d'où on le jette dans les hauts-fourneaux. Une partie du minerai arrive à *Givors*, et est de là transportée, au moyen du chemin de fer ou du canal de Givors, jusqu'aux établissemens des hauts-fourneaux de l'arrondissement de Saint-Etienne.

La *castine* employée comme fondant, pour accélérer la fusion du minerai, dans les hauts-fourneaux de Janon, est ordinairement une marne calcaire, tirée de *Sury*, dans l'arrondissement de Montbrison ; quelquefois c'est du calcaire de la Bourgogne.

Le *combustible* est sur les lieux : l'établissement a été élevé sur le terrain houiller destiné à son *affouage*. Cette concession, appelée *concession de Terre-noire*, présente une surface de 5 kilomètres 72 h., et fournit de la houille de très-bonne qualité, principalement celle provenant des *mines de la chaux*. Le coke se fabrique, soit à l'air libre, soit dans des fours à coke, sur une aire très-étendue et à la hauteur des étalages, situation des plus heureuses, tant pour l'économie, que pour la surveillance et les soins de cette opération.

Les deux *hauts-fourneaux de Janon* ont pu produire annuellement, environ 30 ou 40 mille q. métriques de fonte ; mais depuis qu'au lieu de l'air atmosphérique dans l'état de température ordinaire, introduit dans les hauts-fourneaux, on fait usage de l'air chaud, obtenu en faisant passer l'air dans des cylindres rougis au feu, la fusion de la fonte a lieu beaucoup plus vite, on peut arriver à produire environ 50,000 quintaux métriques, et on obtient en même temps une économie de charbon et de castine.

Depuis quelques années on utilise dans les hauts-fourneaux les *laitiers* provenant des fours à pudler, ou à affiner le fer.

Attenant aux hauts-fourneaux, est un atelier de *moulerie*, dans lequel on exécute toutes sortes de pièces en fonte, de première et de seconde fusion. Un *alésoir* sert à la fabrication des cylindres et corps de pompes. Un vaste atelier de forges et de laminage était en construction à côté des hauts-fourneaux ; une superbe *machine à vapeur* anglaise, de la force de 56 chevaux, et tout le matériel nécessaire avaient été achetés, et donnaient l'espoir de voir bientôt compléter cet établissement, qui aurait alors pu soutenir la comparaison avec ce qu'il y avait de plus parfait en ce genre chez les Anglais. Cette machine à vapeur sert aujourd'hui de moteur à l'établissement de *forage de canons* de MM. Jovin, à St-Etienne.

Hauts-Fourneaux de l'Orme. Ces deux *Hauts-fourneaux*, établis près de Saint-Chamond, ont été fondés par MM. Ardaillon et Bessy. Sur le devant des hauts-fourneaux, se trouve la fonderie, entièrement voûtée. Le plancher de dessus sert de magasin de minerai et de combustible pour les hauts-fourneaux. Les voitures chargées arrivent à l'ouverture des *gueulards* des fourneaux, par un plan incliné placé sur des arcades voûtées en pierre de taille, produisant un très-bel effet de loin.

Une *machine soufflante* de la force de 52 chevaux, fournit du vent aux deux hauts-fourneaux. Un vaste régulateur à eau reçoit l'air et le lance dans les fourneaux par des conduits en fonte, sous la pression d'une colonne d'eau de quatre pieds. Deux *feux d'affinerie* sont activés en même temps par le vent de cette soufflerie, et convertissent en *fin métal* pour la forge, la fonte des h.-fourneaux.

Un *atelier de moulage* est attenant aux hauts-fourneaux : on peut y exécuter, à découvert et au châssis, toutes espèces de pièces de fonte, de première et de seconde fusions. Depuis 1832, on s'est livré à la confection des *boulets* et autres projectiles de guerre. Cet établissement produit annuellement de 30 à 40 mille q. métriq. de fonte.

FORGES A L'ANGLAISE.

FORGES DE TERRE-NOIRE. Cet établissement, qui est, sans contredit, un des plus importans qu'il y ait en France, appartient à la *compagnie des fonderies et forges de l'Isère et de la Loire* : il a été élevé en 1821, par MM. FRÈREJEAN, et il est dirigé par M. GÉNISSIEUX.

Cette même compagnie possède aussi à *Vienne* (Isère), un haut-fourneau, une fonderie de seconde fusion, et un atelier pour la fabrication des machines à vapeur, construits en 1813. Elle possède encore à la *Voulte* (Ardèche), quatre hauts-fourneaux, un atelier de moulerie pour les projectiles de guerre, et deux fours à griller le minerai, construits en 1826 ; enfin, à Rive-de-Gier, un atelier pour la carbonisation de la houille dans des fours.

La grosse *forge de Terre-noire* est divisée en deux parties : dans la *première*, deux machines à vapeur de la force de 25 et de 31 chevaux, mettent en mouvement le gros marteau, une paire de laminoirs dégrossisseurs, et fournissent du vent à deux feux de finerie ; dans la *seconde*, une autre machine de la force de 75 chevaux fait mouvoir deux paires de laminoirs finisseurs, pour les gros fers ; un laminoir à tôle, une fenderie et quatre paires de laminoirs, pour les petits fers d'échantillons, plats, ronds, carrés ou en cercles ; enfin, le tour et la cisaille. Ces machines sont à basse pression.

On distingue, dans la *fabrication du fer* d'après les procédés anglais, trois opérations principales qui, par la division du travail et par la puissance des moteurs employés, procurent les productions les plus promptes et les plus étonnantes de l'industrie métallurgique.

La *première* de ces opérations, appelée *Finerie* en Angleterre, et *Mazéage* en France, consiste à décarboniser la fonte pour la préparer aux opérations d'affinage proprement dit ; elle s'exécute dans des feux analogues aux feux d'affinerie française. La combustion y est de même excitée par le vent de la soufflerie ; mais on consomme du *coke* au lieu de charbon de bois. La fonte, ainsi préparée, est appelée *Fin-métal*.

La seconde opération, dite *pudlage*, consiste à amener le *fin-métal* à l'état de fer malléable, ou *fer en barres*. Ce travail s'opère dans des fours à réverbère, dits *fours à pudler*. Lorsque le fer est suffisamment affiné, on single la loupe au marteau, puis on l'étire au laminoir en grosses barres plates. Ces *loupes* pesant environ 50 kilogrammes, longues de 12 à 20 pouces, n'ont besoin que de passer 7 fois dans les diverses cannelures de deux paires de cylindres, pour devenir barres d'environ 12 à 14 pieds de longueur. Cette opération s'opère en une minute environ : et comme la barre est achevée, dès qu'elle a passé dans les 7 cannelures de ces deux paires de cylindres, on porte une nouvelle pièce dans la plus grande cannelure de la première paire, aussitôt que la barre en œuvre l'a quittée ; d'où il s'en suit qu'il y a toujours, en moins de 2 minutes, 2 barres achevées complètement. Une loupe succède à une autre sans interruption, de manière que le produit d'un fourneau, qui est d'environ 1,500 kilogrammes, est ébauché en un quart d'heure. A la fin du singlage, on plie la barre qui a servi à manœuvrer la loupe, jusqu'à ce qu'on parvienne à la casser, en sorte qu'il en reste toujours un morceau qui fait partie de la pièce obtenue.

Par cette seconde opération, le *fer* n'est encore qu'ébauché ; mais on peut, dans certains cas, de cette première façon, produire ainsi immédiatement des pièces propres au commerce ; le fer résultant de ces première et deuxième opérations, est appelé *fer brut* ; cette qualité peut être employée avec avantage et économie dans la fabrication des instrumens aratoires, des gros outils, et dans la construction des édifices publics et particuliers. On obtient avec de la fonte pudlée directement, sans la passer au mazéage, un fer plus cassant et moins pur que le fer brut ordinaire : il s'emploie généralement pour la fabrication des clous cassans, etc. Il porte le nom de *fer n° 0.*

Enfin, la troisième opération que subit le fer, est un *corroyage*, par lequel on fait perdre au fer brut les scories qu'il peut retenir, en lui faisant acquérir plus de malléabilité et d'homogénéité. Après avoir coupé de longueur les barres ébauchées, obtenues de l'opération précédente, on les réunit en trousses et on les chauffe jusqu'à la température soudante. Passé au laminoir et réduit en barres marchandes, ce fer prend le nom de *fer n° 1 ;* il est plus doux et de meilleure qualité que le *fer brut,* et peut être employé à presque tous les usages.

Les fers hors de service, de toutes espèces, provenant des débris de fabrication, etc., mis dans un four à pudler, à sole de sable, appelé *four à riblons,* étant chauffés au blanc et soudés au moyen de la pression qu'exerce l'ouvrier avec un râble, sont mis en loupes pour être battus au marteau ; ils subissent la même opération que le *fer n° 1.* Ce fer est d'une qualité supérieure, en ce qu'étant bien plus épuré que l'autre, il est flexible à froid, très-nerveux, et peut supporter à chaud toutes les épreuves des fers finis.

En Angleterre, on donne quelquefois au fer un *second corroyage,* qui lui fait prendre alors le nom de *fer n° 2 ;* chacune de ces opérations augmente les déchets et les frais, mais elle ajoute au prix et à la bonne qualité du fer.

La *forge de Terre-noire* est à très-grande proximité du chemin de fer de Saint-Étienne à Lyon ; elle tire la plus grande partie de ses fontes de ses hauts-fourneaux de la *Voulte,* et prend le combustible nécessaire à sa consommation dans le terrain même sur lequel elle est bâtie. Elle se compose de deux *feux de finerie,* 14 *fours à pudler,* 8 fours à réchauffer le fer, appelés *millfurnace,* de deux *fours à tôle* et d'une fenderie. Le cylindre de la *machine soufflante* à 4 pieds de diamètre, et fournit environ 1,500 pieds cubes de vent par minute.

Cette vaste usine fabrique chaque jour, environ 8,000 kilogrammes de *gros fers*, 6,000 de *fers moyens*, 2,000 de *petits*, 3,000 de tôle, et 6,000 de verges. La quantité des *petits fers* ronds, carrés et de toutes dimensions, varie selon les demandes et la consommation. Sa production annuelle est d'environ 80,000 quintaux métriques de fer.

60 *ouvriers* sont occupés journellement dans l'atelier, ainsi que 12 *manœuvres* et pareil nombre *d'enfans*. Leur salaire est d'environ 6 à 8 fr. par jour pour les maîtres raffineurs, de 4 fr. pour les ouvriers, de 2 fr. pour les manœuvres, et de 1 fr. à 1 fr. 50 pour les enfans. L'*administration* se compose d'un directeur, d'un caissier, d'un chef de fabrication et de deux employés; ceux-ci surveillent l'établissement pendant le travail.

Le déchet moyen des fontes, à la forge, pour leur réduction en fer en barres, est comme 14 à 10; ainsi il faut 1,400 kilogrammes de fonte pour obtenir 1,000 kilogrammes de fer.

Coke. L'atelier pour la *carbonisation de la houille* que cette compagnie possède à Rive-de-Gier, se compose de 46 *fours à coke*. Chaque *four* à la forme *octogone*, dont deux côtés parallèles sont plus allongés; ce qui donne au four la forme d'un berceau, dont les deux extrémités se raccordent à un segment de voûte sphérique. Les deux extrémités du fourneau, dans le sens du grand axe, sont occupées par les deux portes qui servent à enfourner la houille et à défourner le coke. Ces deux ouvertures sont faites comme les portes d'un four à cuire le pain. Los fours sont construits partie en briques rouges siliceuses, et partie en briques blanches; ils ont environ 4 mètres 54 centimètres de long, sur 2 mètres 59 centimètres de large intérieurement; la voûte, dans sa plus grande hauteur, n'a que 1 mètre 10 cent.

La *sole du four* est en terre glaise bien tassée et battue avec des maillets. L'appui des deux portes est formé d'une large plaque de fonte placée extérieurement à l'abri du contact du feu. Le milieu du four est percé d'une ouverture d'un pied carré, qui donne passage à la flamme, à la fumée et aux parties volatiles de la houille qu'elles entraînent. Les *portes du four* sont des châssis en fer croisé dans le sens de la hauteur et de la largeur. L'intervalle est rempli par des briques ou des debris empâtés dans de la terre glaise; ces portes se placent de champ sur les parois extérieures de la porte du fourneau, et se lutent avec des pâtons de terre glaise ramollie et pétrie avec du foin haché.

La *cuisson du coke* dure 24 heures; lorsqu'elle est terminée, on vide les fours avec des *ringards* et des râbles, on étend le coke sur le sol, jusqu'à ce qu'il soit éteint et entièrement refroidi: et on recharge de suite les fours avec de la houille menue. La charge de chaque four est d'environ 32 hectolitres ou 24 *bennes*, augmentant d'environ un tiers en volume, et diminuant de 33 pour °/₀ sur le poids.

Le nombre des ouvriers employés à la carbonisation de la houille est de 36 ; leur salaire est d'environ 2 fr. 5o par jour. De Rive-de-Gier, le *coke* est expédié par eau, ou par le chemin de fer, à l'établissement de *Vienne* et à celui de la *Voulte*. La consommation journalière de l'établissement de Vienne est d'environ 12,000 ; celle de la Voulte, de 36,000 kilogrammes, par 24 heures de fondage pour deux hauts-fourneaux.

Le prix du *transport* que la compagnie payait, de Rive-de-Gier à Terre-noire, avant l'achèvement du chemin de fer de Lyon, était de 70 cent. par quintal métrique, et de 5o cent., de Givors à Rive-de-Gier, sur le canal. Elle payait les transports, de Givors à la Voulte, à raison de 65 cent. à la descente, et de 1 fr. 25 cent. à la remonte.

Les transports de cette nature, que la compagnie faisait effectuer par entreprise, pouvaient s'élever à environ 60,000 kilog. par jour, ou 180,000 quintaux métriques par an. Les prix de transport ont subi une diminution, par suite de l'établissement du chemin de fer de Lyon.

La fonderie que possède cette compagnie à *Vienne* (Isère), se compose d'un haut-fourneau et des ateliers accessoires, placés sur la rivière de Gère. Le *haut-fourneau de Vienne* a la forme d'une pyramide quadrangulaire à sa base, et celle d'un cylindre légèrement conique au-dessus; il a 36 pieds de haut. L'*atelier de moulerie* se compose de quatre fourneaux à réverbères et deux fours à la Wilkenson, pour la fonte de toutes sortes de pièces de seconde fusion. On emploie généralement le *minerai de fer de la Voulte*, mélangé avec les *minerais de Villebois* (Ain), et les *minerais en grains* de la Franche-Comté.

FORGE DE SAINT-JULIEN. M. J. BESSY, persuadé que l'établissement d'une forge à l'anglaise pouvait présenter de grands avantages en France, fit en 1820 le voyage d'Angleterre, d'où il fit venir les machines et les ouvriers nécessaires à la création de ce nouveau genre d'industrie. A son retour, il organisa une société en commandite, sous la raison de *Ardaillon, Bessy et C.*, qui lui confia l'exécution de cette entreprise ; il mit tant d'intelligence et d'activité dans les constructions, qu'un an s'était à peine écoulé, que le bruit du marteau vint apprendre à toute la contrée qu'elle possédait une industrie nouvelle et un établissement de plus.

Cette *forge* se compose de deux machines à vapeur, dont une de 52, et l'autre de 32 chevaux, qui mettent en mouvement les laminoirs, les marteaux, le tour, etc. On a fait dans cet établissement l'application de procédés nouveaux pour la fabrication des *canons de fusils*, au moyen de laminoirs. On obtenait chaque canon, en roulant des bandes de fer que l'on étirait ensuite peu à peu au laminoir, en les faisant passer par des cannelures de plus en plus petites.

Elle emploie les *fontes* de la Bourgogne, et celles provenant des hauts-fourneaux de l'Orme, qu'elle a fait construire à peu de distance de Saint-Julien. Sa consommation annuelle est de 6o à

70,000 quintaux métriques de *fonte*, et ses produits de 4o à 5o.ooo quintaux métriques de *fer*. Cet établissement appartient aujourd'hui à M. Dugas-Viallis.

Forge de Lorette. Cet établissement a été créé en 1823, par MM. Neyrand frères et Thiollière, de Saint-Chamond. Le marteau, les dégrossisseurs, les finisseurs, la fenderie, 7 laminoirs pour barreaux et petits échantillons, le tour, la soufflerie, etc., sont mus par deux machines à vapeur de la force de 6o et 21 chevaux.

Cette *forge* n'a point encore fait élever de *hauts-fourneaux*. Elle tire ses *fontes* de la Bourgogne, de la Champagne et de la Franche-Comté ; elle emploie aussi les fontes des hauts-fourneaux de Janon, qu'elle a affermé depuis quelque temps. Elle fabrique environ 5o,ooo quintaux métriques de fer de tous échantillons, dont la qualité est très-recherchée des consommateurs.

Il existe près de Saint-Chamond, quatre autres forges, celle de M. Morel, qui est mise en mouvement par une machine à vapeur de la force de 36 chevaux, produit annuellement environ 8,ooo quintaux métriques de fer. La forge de Robert, à *Izieux*, sur le Gier, produit environ 5,ooo quintaux métriques de fer.

La forge de M. Estienne à St-Julien, qui emploie l'eau comme moteur, produit environ 3,ooo quintaux métriques de fer.

Enfin, la *forge de la Chapelle sur le Gier*, qui a aussi l'eau pour moteur, produit environ 2,ooo quintaux métriques de fer.

CHEMINS DE FER.

Il est aujourd'hui généralement reconnu en France, que les obstacles qui s'opposent aux progrès des exploitations minérales et des industries métallurgiques et manufacturières, sont principalement dus à l'imperfection des communications intérieures ; d'où il résulte, ou un manque absolu de débouchés, ou une surcharge énorme dans le prix des produits que l'on veut transporter à une certaine distance.

Cet inconvénient est surtout sensible dans le commerce de la *houille*. Ce combustible qui, sur les mines, ne vaut guère plus de 1 franc à 2 francs le quintal métrique, se vend cependant 4, 5, 6 et même 7 fr. sur la plupart des points du Royaume. L'augmentation de prix qui pèse sur le consommateur est ainsi 2, 3, ou 4 fois celui de la houille, pour peu que la distance à parcourir soit grande.

L'arrondissement de Saint-Etienne renferme les exploitations de houille les plus nombreuses et les plus importantes de la France. Sur environ 2o millions de quin. métriques livrés annuellement à la consommation, il en fournit, à lui seul, près de la moitié, dont la qualité est supérieure à celle des autres contrées carbonifères.

Tout le monde sait à combien de chocs sont exposées les voitures qui parcourent les routes ordinaires, et combien ces chocs font perdre de la force. L'expérience a prouvé, qu'un cheval qui traînerait péniblement un poids de quelques quintaux sur les routes de terre, suffisait pour opérer des transports considérables sur un chemin formé d'une surface dure parfaitement horizontale, et d'une nature assez résistante pour s'opposer à la formation des ornières, tandis qu'une pente de quelques millimètres par mètre, suffisait pour que les chariots descendissent tous seuls, abandonnés à leur propre poids.

Ces expériences ont naturellement conduit à la construction des routes en *blocs de pierre* dure, qui présentaient une surface unie. Bientôt ce moyen dispendieux fut remplacé par l'emploi de *pièces de bois* solidement fixées au sol. Peu de temps après, on appliqua sur la surface de ces pièces de bois des *bandes de fer*. En 1770, des *ornières en fonte*, de diverses formes, furent substituées au bois : enfin, on employa *le fer battu* ou laminé ; on fit d'abord des *ornières creuses*, puis des *ornières saillantes* : ce dernier système est le seul généralement employé aujourd'hui.

Après avoir établi sur la route que l'on veut construire des *dés en pierre*, espacés d'environ 3 pieds, on fixe sur ces dés des *coussinets* en fonte, destinés à recevoir les bandes de fer, appelés, en Angleterre, *rails*. Sur l'ourlet que forme l'arête supérieure du rail, reposent des roues en fonte, munies de rebords qui les empêchent de dévier. Chaque char a ordinairement 4 roues qui roulent sur ces barres de fer placées parallèlement sur la route.

Comme on le voit, un chemin de fer n'est donc autre chose qu'une route formée d'une ou de plusieurs lignes de chemins ainsi construits, sur lesquels se meuvent des diligences, ou des chariots d'une construction particulière, appelés *wagons* : ces voitures sont tantôt traînées par des chevaux, tantôt abandonnées à elles mêmes, quand la pente du chemin est assez forte, ou remorquées par des *machines locomotives libres*, ou par des machines à vapeur à *poste-fixe*.

Lorsque le chemin présente une grande pente, appelée *plan incliné*, on se sert de machines fixes ; les voitures sont remorquées par des câbles qui s'enroulent sur le tambour d'une machine placée sur le point le plus élevé de la montée. Ce moyen a commencé à être employé en 1808.

L'emploi des machines *locomotives* date de 1811. Pour employer ces machines au transport des voitures, il est indispensable que la route soit parfaitement horizontale, ou qu'elle n'ait qu'une inclinaison peu sensible ; s'il en était autrement, à une pente trop forte, la force de la machine ne suffirait pas pour vaincre la résistance de son propre poids, et les roues tourneraient sur elles-mêmes.

Pour pouvoir parvenir à obtenir des chemins de fer dont la pente soit uniforme, on conçoit que les dépenses doivent être souvent considérables, surtout lorsque les terrains que la route doit parcourir, présentent de grandes inégalités. Tantôt il faut percer une montagne par une galerie souterraine, franchir une vallée au moyen de grandes arcades, ou bien traverser des endroits bas et marécageux, sur lesquels il faut établir des chaussées très-élevées. D'autrefois il a fallu franchir des montagnes, au moyen de tranchées ouvertes ou de plans inclinés, jeter des ponts sur les rivières, etc.

Quand on voit avec quelle facilité le chariot le plus lourd peut être mis en mouvement sur un chemin de fer bien construit, on est étonné qu'un moyen aussi simple et aussi puissant ait autant tardé à être employé en France, où il n'existe encore qu'un petit nombre de chemins de fer. Puisqu'à près les trois chemins de fer de Saint-Etienne qui sont en activité depuis quelques années, on ne compte encore que le chemin de fer d'Epinac au canal de Bourgogne, qui soit terminé, et celui de Paris à Saint-Germain en construction. Plusieurs autres ne sont, on peut le dire, encore qu'en projets.

CHEMIN DE FER DE SAINT-ETIENNE A ANDRÉZIEUX. Depuis long-temps la ville de Saint-Etienne avait senti la nécessité d'établir un *chemin de fer* qui pût servir au transport de ses houilles jusqu'à la Loire. Ce chemin, qui est le premier de ce genre qui ait été construit en France, a été établi sur un terrain légèrement en pente; et pour diminuer les dépenses, on a évité les remblais des parties basses des terrains que l'on avait à traverser, en suivant presque tous les accidens du sol. C'est ce qui fait que l'on remarque sur ce chemin beaucoup de courbes d'un très-petit rayon.

C'est au savant ingénieur, M. BEAUNIER, que nous venons d'avoir eu le malheur de perdre il y a peu de temps, qui avait créé pour la France minérale une *école des mineurs*, et pour l'industrie métallurgique, la première *fabrique d'aciers* par des procédés nouveaux, à qui l'arrondissement de Saint-Etienne, et l'on peut dire la France entière a été encore redevable de l'application de ce nouveau moyen de communication.

Le *chemin de fer de Saint-Etienne à Andrézieux* est à simple voie; il part du *pont de l'Ane*, sur la route de Saint-Etienne à Lyon, et aboutit au port d'Andrézieux sur la Loire. Il est principalement destiné au transport de la houille du bassin de Saint-Etienne, qui s'exporte par la Loire sur tout le littoral de ce fleuve et dans le bassin de la Seine. Sa longueur totale est d'environ 18,000 mètres, et de 20,000 avec les embranchemens destinés à desservir les exploitations de mines qui se trouvent à proximité. Ce chemin est construit en fonte et à ornières saillantes; les barreaux ou *rails* ont 1 mètre 14 cent. de longueur, et s'appuient, à chaque extrémité, sur des *dès* en pierre percés de deux trous pour assujétir les coussinets et les fixer solidement. Chaque char ou *wagon* peut contenir environ 30 hectolitres de houille pesant environ 2,400 hilogrammes. Chaque convoi a ordinairement un ou plusieurs wagons munis de *freins* pour ralentir le mouvement.

Des chevaux descendent les wagons ainsi chargés et les remontent vides. La distance de Saint-Etienne à Andrézieux est parcourue ordinairement en deux heures à la descente, et en quatre à la remonte. En cas de rencontre des convois, des gares ou croisières placées de distance en distance, permettent à l'un des convois de se détourner momentanément pour laisser passer l'autre. Des grues mobiles et à poste fixe sont disposées pour opérer le déchargement des wagons dans les magasins.

Le tarif du transport pour chaque kilomètre, tant à la descente qu'à la remonte, autorise cette compagnie à percevoir 0, 23 par tonne, sur la houille, et 0, 37 sur les autres marchandises ; mais cette compagnie se charge aujourd'hui des transports à 19 centimes.

CHEMIN DE FER DE SAINT-ETIENNE A LYON. Réunissant 4 villes très-importantes par leur industrie et leur commerce, et complettant la jonction si vivement désirée du Rhône et de la Loire, le *chemin de fer de Saint-Etienne à Lyon* paraît avoir les conditions les plus heureuses pour un établissement de ce genre. Il a été adjugé avant l'achèvement du chemin de *fer de Saint-Etienne à la Loire*, à MM. SEGUIN frères, et Ed. BIOT.

Il commence à *la Monta*, à l'entrée de la ville de Saint-Etienne ; il se met en communication avec le chemin de fer de la Loire *au pont-de-l'Ane*, et aboutit au milieu de la presqu'île de Perrache à Lyon ; il passe par la vallée de Janon, par Saint-Chamond, la vallée du Gier, et longe le canal de Givors jusqu'au Rhône ; de Givors, la route a été établie sur une chaussée longeant la rive droite du Rhône, jusqu'au *pont de la Mulatière*, jeté sur la Saône ; et il arrive au milieu de *l'allée de Perrache*.

Ce chemin est construit à *double voie*, en fer laminé. Sa longueur est de près de 60,000 mètres. Outre les ouvrages de terrassemens, les déblais, les remblais et les tranchées, les travaux d'art se composent de 112 ponts ; du *percement* de trois montagnes, savoir : celle de *Terre-noire*, qui a 1,506 ; celle de Rive-de-Gier, 984 ; et celle de la *Mulatière*, près de Lyon, 478 mètres de longueur ; ainsi que de plusieurs autres percemens dans les vallées du Gier et de Janon.

Afin de prévenir les accidens, des gardiens veillent à l'entrée des principales percées ; ils répondent aux trompettes des conducteurs des voitures, par le son d'une cloche, qui avertit le gardien placé à l'autre extrémité de la galerie d'en interdire l'entrée pendant le passage des voitures.

Dans le principe, le but de cet établissement était d'effectuer, à la descente de Saint-Etienne à Lyon, le transport de la houille, des fontes, des fers et des produits fabriqués, d'une grande pesanteur ; et de remonter les minerais, les fers, les sables, et les autres objets nécessaires aux fabriques du pays. Ce ne fut que lorsque cette entreprise fut terminée, que l'on reconnut que le transport des voyageurs pouvait offrir de grands avantages.

Le *prix du transport* des marchandises et matières premières, tant à la descente qu'à la remonte, avait été fixé, lors de l'adjudication, à 9 centimes et demi; mais avant l'entier achèvement des travaux, et sur les observations de la compagnie, la remonte ayant été reconnue très-difficile, une augmentation de prix fut accordée. Le prix du transport par tonne et par kilomètre à la remonte, est aujourd'hui de 12 centimes de Givors à Rive-de-Gier, et de 13 centimes de Rive-de-Gier à Saint-Étienne.

La descente de Saint-Étienne à Givors n'exige aucun frais de traction, puisqu'elle s'effectue par le seul effet de la pente. Dans les pentes les plus dangereuses, on modifie, à volonté, la vitesse des *wagons*, au moyen de *doubles freins à levier*, dont la plupart des chariots sont munis.

Chaque *wagon* peut contenir environ 2,400 à 3,000 kilogrammes de houille. Les *convois*, formés d'environ 20 à 30 *wagons*, sous la direction de trois conducteurs, roulent à la descente avec une vitesse d'environ 3 à 4 lieues à l'heure. La *remonte* est faite par des *chevaux*, ou par des *machines locomotives*; ces machines sont placées en avant ou au centre de chaque convoi.

CHEMIN DE FER DE SAINT-ÉTIENNE A ROANNE. Ce chemin a été établi sur la rive droite de la Loire. Il devait avoir *deux voies*; jusqu'à présent on s'est borné à l'établissement d'une *seule voie*, en fer forgé; sa longueur jusqu'à la Quérillière est d'environ 69,000, et 80,000 mètres jusqu'à St-Étienne. Il a coûté, y compris le matériel de l'établissement, plus de 7 millions de francs. Les *courbes* de ce chemin sont toutes de plus de 500 mètres, si l'on en excepte une seule, à laquelle on n'a pu donner que 285 mètres.

Dans ce chemin de fer, au lieu de percer les montagnes comme dans celui de Lyon, on a établi des *plans inclinés*, destinés à les franchir. De Roanne à l'Hôpital, on arrive par une pente très-douce au bas d'un *plan incliné*, disposé ainsi qu'il suit: une longue file de poulies, très-rapprochées les unes des autres, sont ajustées contre terre, de manière à pouvoir facilement tourner: sur ces poulies coule un très-long cable, à l'extrémité duquel est attachée la voiture. Ce cable va se rouler et se dérouler sur un gros cylindre, mis en mouvement par une *machine à vapeur*, placée au point culminant du plan incliné.

Le chemin a deux voies, et pendant que les voitures montent sur la première voie, d'autres peuvent descendre sur la seconde. Parvenues à la cime de la montagne, les voitures sont lancées avec une grande vitesse, et parviennent au bas d'un autre plan incliné placé de l'autre côté. On arrête les voitures à volonté, au moyen de *doubles freins* placés contre les roues. On arrive ainsi sans chevaux jusqu'à *Balbigny*, où le hallage est fait, soit avec des chevaux, soit avec des *machines locomotives*. De Balbigny à *Feurs*, on laisse sur la gauche Pouilly; de Feurs à *Montrond*, le chemin suit une ligne droite sans presque aucune pente sensible. Après avoir laissé *Saint-Galmier* sur la gauche, et avoir coupé la route de Saint-Étienne à Montbrison, on arrive par un petit plan incliné à la Quérillière, près de la Fouillouse, où ce chemin vient se mettre en communication et se souder avec celui d'Andrézieux.

Le *prix du transport* par kilomètre et par tonne, tant à la descente qu'à la remonte, est d'environ 5 centimes. Les principaux transports sur ce chemin consistent dans les houilles de Saint-Etienne, qui vont s'embarquer à Roanne, pour la consommation du bassin de la Loire et des environs de Paris; en fers, fontes et autres produits de l'industrie de l'arrondissement de Saint-Etienne. Les *retours* se composent de grains, farines, vins, etc. Les voyageurs forment, comme sur les autres chemins de fer de Saint-Etienne, un article important de la recette.

Une loi a autorisé l'exécution d'un embranchement de chemin de fer de *Montrond à Montbrison*. Ce chemin aura *une seule voie*, et sera construit sur un des accotemens de la route royale N° 89, de Lyon à Bordeaux.

Au moyen de ces quatre chemins de fer, les trois chefs-lieux d'arrondissement du département de la Loire, seront mis en relation directe par des chemins de fer, soit entr'eux, soit avec Lyon, et avec les ports du Rhône et de la Loire. Cette ligne se continuera peut-être un jour au-dessous de *Roanne*, le long de la Loire, jusqu'à *Orléans*, et ensuite jusqu'à *Paris*.

Le département de la Loire paraît donc être appelé à jouir le premier des avantages d'un système complet de chemins de fer, dont il est encore impossible de pouvoir calculer tous les résultats.

ÉCOLE DES MINEURS.

L'*Ecole des Mineurs de Saint-Etienne* a été créée en 1816, dans le but de remplacer les écoles pratiques de *Pesey* et de *Geislautern*, situées dans les anciens départemens du Mont-blanc et de la Sarre, qui venaient d'être enlevés à la France. Elle fut composée d'un Directeur et de trois Professeurs pris parmi les ingénieurs des mines attachés à l'arrondissement de St-Etienne.

Les *cours* de l'école ont commencé en 1818. Son mobilier ne consistait alors que dans quelques débris des bibliothèques et collections des écoles de *Pesey* et de *Geislautern*.

Dans le principe, cette institution semblait avoir pour unique destination, de former de simples mineurs et des chefs d'atelier : ce but fut bientôt dépassé : au lieu de fils d'ouvriers, on vit arriver à cette école des fils de propriétaires de mines, ou de maîtres de forges, et d'autres jeunes gens, généralement pourvus de l'instruction qu'on acquiert dans les collèges. Grâces aux soins de M. Beaunier, son Directeur, cette école est devenue, au bout de quelques années, tant par l'heureux choix des Professeurs, que par l'extension donnée à l'enseignement, une pépinière de sujets instruits et capables de diriger avec succès toutes espèces d'établissemens métallurgiques et industriels.

Les élèves formés par les leçons de MM. L. BEAUNIER, GALLOIS, DESROCHES et BURDIN, qui en furent les premiers professeurs, firent bientôt connaître de la manière la plus avantageuse ce modeste établissement. Le nombre des élèves s'accrut rapidement, et les connaissances qu'ils ont répandues peu après dans les travaux métallurgiques et dans les exploitations des mines où ils ont été employés, ont recommandé à l'attention du gouvernement l'école des mineurs de St-Etienne.

Ces heureux résultats firent sentir le besoin d'augmenter les moyens d'instruction, ainsi que l'étendue de l'enseignement. La bienveillance du Directeur général, et de l'Ingénieur en chef des mines, fournit le moyen d'accroître la bibliothèque, ainsi que les collections minéralogiques et géologiques, et de construire le grand laboratoire, dans lequel les élèves s'exercent aux manipulations chimiques. Enfin, en dernier lieu le personnel de l'école a été augmenté d'un Professeur et de deux Répétiteurs, chargés de surveiller les exercices des élèves dans les salles d'études et au laboratoire, et de seconder les Professeurs.

L'*Enseignement* de l'école des mineurs comprend aujourd'hui, les élémens de mathématiques et de géométrie descriptive, avec leurs applications à la levée des plans, au dessin linéaire, et aux constructions ; les élémens de la physique ; la chimie et ses applications à l'analyse des substances minérales et des produits des arts ; la métallurgie, la minéralogie et la géologie ; l'exploitation des mines ; les lois de l'équilibre et du mouvement, et leurs applications à la science des machines les plus employées, principalement dans les mines et usines ; la tenue des livres en parties doubles ; enfin la science des constructions.

Les conditions pour l'*admission des élèves* à l'école, ont été changées par l'*ordonnance royale du 7 mars*, et par le *règlement du 28 mars* 1831. Les élèves sont admis par le directeur général des ponts et chaussées, sur la présentation du conseil de l'école formé en jury d'examen. Tout prétendant à l'admission à l'école des mineurs, peut aussi être examiné publiquement par un ingénieur des mines ; les examens seront ouverts, chaque année, du 1er juin au 1er juillet, dans les villes où résideront les ingénieurs désignés pour les examens. Les élèves admissibles à l'école polytechnique, pourront être admis sans subir d'examens.

Les connaissances exigées sont : *la langue française* (l'examinateur dictera au candidat un passage d'un auteur français), le calcul, comprenant les quatre règles, les fractions ordinaires et décimales, et les proportions ; le système légal des poids et mesures ; l'arpentage, comprenant la mesure des angles, la théorie des lignes proportionnelles et des triangles semblables, et la mesure des surfaces. Le candidat doit, avant l'examen, remettre son acte de naissance (15 à 25 *ans*), un certificat constatant qu'il a été vacciné, ou qu'il a eu la petite vérole, et un certificat du maire de sa commune, déclarant qu'il est de bonnes vie et mœurs. Les cours de l'école commencent le 25 octobre, et finissent le 15 août de chaque année.

Les élèves s'exercent pendant leur séjour à l'école, au dessin linéaire et au lavis, ainsi qu'aux manipulations chimiques dans un laboratoire. Le cours complet des études est divisé en deux années, et les élèves sont partagés en deux divisions ; ils peuvent être cependant autorisés à rester une troisième année. Les élèves reçoivent à leur sortie de l'école le titre d'élèves brevetés.

Il y a trois classes d'élèves brevetés :

Dans la *première classe*, sont ceux qui se sont distingués également dans toutes les branches de l'enseignement de l'école ; dans la *deuxième classe*, ceux qui possèdent toutes ces connaissances à un degré moins élevé ; enfin, dans la *troisième classe*, ceux qui n'ayant pu suivre avec succès toutes les parties de l'enseignement, peuvent cependant faire de bons chefs d'atelier.

L'ordonnance de 1831 a institué une *classe spéciale* à l'école en faveur des ouvriers, et surtout des ouvriers mineurs, qui seront admis à suivre les cours particuliers, sur la présentation d'un certificat constatant qu'ils sont de bonnes vie et mœurs, et qu'ils savent lire, écrire et chiffrer ; l'enseignement dure pendant deux ans.

La première année, les cours ont pour objet l'arithmétique, jusques et compris les proportions ; les élémens de géométrie nécessaires pour la levée des plans ; la mesure des surfaces et des solides ; le dessin et la levée des plans. Les leçons de la *deuxième année* ont pour objet la description du terrain où se trouve ordinairement la houille ; les moyens de recherche et d'exploitation les plus convenables, et la description des divers moyens d'exploitation dans les mines de houille. Les *élèves ouvriers* qui se seront distingués, pourront demander à subir un examen à l'effet d'obtenir le *brevet de troisième classe*.

Les *élèves de l'école des mineurs* peuvent être employés avec avantage à d'autres travaux qu'à ceux des mines et usines ; par leurs connaissances dans les mathématiques, la science des machines, la coupe des pierres, la levée des plans, etc., ils peuvent se rendre très-utiles dans les constructions, les routes, les canaux, les ponts et les établissemens industriels de tous genres.

ÉCOLE DE TISSAGE. La fabrique de rubans de St-Etienne, qui verse annuellement dans la consommation des produits dont la valeur s'élève à près de 40 millions de francs, aurait besoin d'une *école spéciale de fabrication des rubans de tous genres*, analogue à celle des arts et métiers de Châlons-sur-Marne et d'Angers, mais ayant pour but d'enseigner l'*art du tissage des rubans* et de toutes les opérations qui s'y rapportent, et de former des élèves pour maintenir en notre faveur la supériorité de cette fabrication.

FABRICATION DES LACETS.

Cette branche d'industrie qui n'est pas très-ancienne dans l'arrondissement de Saint-Étienne, est effectuée sur des *métiers à poupée*, mis en mouvement par la force de l'eau ou de la vapeur.

Parmi les établissemens qui s'occupent de cette fabrication, celui de MM. RICHARD-CHAMBOVET et C., à Saint-Chamond, renferme 800 métiers, qui sont mis en mouvement par deux machines à vapeur et trois roues hydrauliques. Cette industrie a dû principalement sa prospérité à l'ordre et à l'économie, vers lesquels tous les efforts des ces habiles manufacturiers ont été constamment dirigés, et qui leur ont permis, en peu de temps, d'offrir leurs produits en concurrence avec ceux des fabriques du nord.

Ils commencèrent par établir 3 métiers en 1807; ils en eurent 20 en 1809; et en 1812 plus de 100 étaient en activité; ils furent alors mis en mouvement par une machine à vapeur. Plusieurs fabricans de Saint-Chamond et de Saint-Etienne, avertis du succès de cette entreprise, s'adonnèrent aussitôt à cette nouvelle industrie; ils suivirent les traces de MM. RICHARD-CHAMBOVET, qui bientôt eurent près de 12 concurrens. Le nombre des métiers qui se sont établis successivement tant à Saint-Chamond qu'à Saint-Etienne, a été:

En 1807, de		3 métiers.	En 1814, de		150 métiers.
1809,	—	20	1816,	—	240
1812,	—	110	1824,	—	2,200

La seule manufacture de MM. RICHARD-CHAMBOVET occupe plus du tiers de ce nombre. Ces 2,200 métiers, qui sont actuellement en activité, fabriquent environ 175 mille aunes de lacets par jour : en y comprenant la nuit, lorsque les demandes de ces articles sont considérables, cette quantité peut s'accroître d'un tiers. Au moyen d'un mécanisme très-simple et très-ingénieux, chaque métier, dont le mouvement est entièrement isolé, s'arrête dès qu'un des fils qui servent à composer la tresse du lacet vient à casser.

Ces métiers emploient en *matières premières*, environ :

60,000 kil.es coton, d'une valeur de.	228,000 fr.
28,000 — fleuret de pays, Piémont, filés Suisses.	322,000
12,000 — soies de France, Levant, Italie. . .	450,000

100,000 kilogrammes en tout, d'une valeur de. . 1,000,000 fr.

La grosseur, la longueur et le poids fixe de chaque fil de soie ou de coton, sont proportionnés au N° du lacet à exécuter. Les matières mises en œuvre et fabriquées acquièrent une valeur à peu près double par les diverses préparations d'ouvraisons, de teintures et de fabrication. La concurrence qui s'est élevée entre les diverses fabriques de Saint-Etienne et de Saint-Chamond, a réduit la vente des lacets au plus mince bénéfice ; mais il en est résulté un grand avantage pour l'exportation, au préjudice des fabriques du nord et surtout de celles d'Allemagne, qui aujourd'hui ne peuvent plus rivaliser pour les prix.

Les manufactures de lacets de Saint-Etienne et Saint-Chamond fournissent à la consommation de la France, d'Amsterdam, de Bruxelles, de Leipsick, d'Anvers, de Milan, de quelques cantons Suisses, des deux Amériques, etc.

La seule manufacture de MM. RICHARD-CHAMBOVET fait vivre environ 300 ouvriers : 100 environ sont logés dans leurs établissemens, et 200 sont occupés au dehors, au *dévidage* et au *doublage* des soies et des cotons, ainsi qu'au *cannetage*. La *teinture* et le *blanchiment* des matières premières occupent, toute l'année, un atelier de 10 personnes, dont les frais s'élèvent annuellement à une somme de plus de 60.000 francs.

L'économie dans cette fabrication est portée à un tel point, qu'une pièce de *lacet coton* N° 2, qui pèse 20 grammes, et qui a passé entre 12 mains au moins dans les différentes opérations qu'elle a été obligée de subir, est vendue au comptant, frais d'emballage compris, au prix modique d'environ 25 centimes les 36 aunes métriques.

De même, *un kilogramme de coton*, qui coûte 3 fr. 80 cent. en sortant de la filature, est doublé, mouliné, teint ou blanchi, fabriqué en lacets, apprêté ou calendré, auné, plié en 40 demi-pièces de 18 aunes, encartonné, emballé, pour environ 4 fr. 65 cent. Il est vendu au comptant 8 fr. 45 cent. les 720 aunes métriques.

Ces 720 aunes font 5 *grosses* de lacets coton, de quatre quarts, ou une aune de longueur, chaque *grosse* composée de 12 douzaines ou 144 aunes. Ces 144 lacets, ferrés en laiton aux deux bouts, se vendent 2 fr. 80 cent. au comptant. L'aunage de 36 aunes par pièce est fixe et invariable comme les qualités et les conditions de vente.

Aucune concurrence étrangère n'est à craindre aujourd'hui pour une manufacture qui a su porter l'ordre et l'économie dans la main-d'œuvre à un tel degré de perfection.

LACETS ÉLASTIQUES. En 1833, MM. RICHARD-CHAMBOVET et C. ont les premiers confectionné dans l'arrondissement de St-Etienne des *lacets élastiques ronds*. Chaque fil de caout-chouc était recouvert de coton ou de soie, au moyen du métier à lacet ordinaire. Quelque temps après on est parvenu à obtenir, sur les mêmes métiers, des *lacets élastiques plats* de diverses largeurs.

La fabrication des *cannetilles*, qui avait lieu sur les métiers à tisser ordinaires, a été exécutée sur les métiers à lacets par M. DOGUET de Saint-Etienne.

TISSUS ÉLASTIQUES.

Le *caout-chouc* est une substance résineuse, connue dans le commerce sous le nom de *gomme élastique*, que l'on retire par incision de l'*Hévé*, arbre qui croit naturellement au Brésil et à la Guyanne, dans l'Amérique méridionale. Elle découle en liqueur blanche comme du lait, qui brunit et se durcit ensuite à l'air. On la recueille sur cet arbre en lui donnant diverses formes, entr'autres celle d'une poire, au moyen d'un morceau de terre glaise sur lequel on fait découler la résine, et qu'après cette opération on extrait de l'intérieur, en la brisant. On envoie en Europe la gomme élastique toute desséchée et ainsi préparée sous la forme de bouteilles, de vases, de chaussures, etc.

Les premières applications que l'on fit de ce produit merveilleux dans les arts, remonte aux dernières années du 18ᵐᵉ siècle. On fit pendant long-temps de vains efforts pour découper et filer le *caout-chouc*, afin de le rendre propre au tissage. Il paraît que ce fut en Angleterre où les premiers essais de ce genre furent couronnés de quelque succès.

En 1820, HANCOK, et quelques années après, NALDER, eurent les premiers l'idée de former des *cordons élastiques* au moyen de fils de *caout-chouc*, qu'ils introduisaient dans des coulisses ou boyaux, au moyen desquels ils étaient même parvenus à composer des tissus légèrement élastiques.

En 1828, REITHOFFER et PURTSCHER, de Vienne en Autriche, parvinrent à obtenir des fils de gomme continus, d'une assez grande finesse; et de plus, ils formèrent, au moyen du métier à lacet, une enveloppe de coton ou de toute autre matière filamenteuse autour de chaque fil de gomme; avec ces lacets, ils composaient des tissus qui avaient des propriétés bien plus élastiques que les premiers.

En 1830, MM. RATTIER et GUIBAL, de Paris, ont pris un brevet d'invention pour la fabrication des *tissus élastiques lacets*, procédé qui, depuis l'expiration du brevet Autrichien, est tombé dans le domaine public.

En 1833, M. Ed. DAUBRÉE, après avoir monté une filature pour le caout-chouc, près de Clermont, prit un brevet d'invention pour la fabrication des tissus élastiques obtenus par le tissage immédiat des fils de caout-chouc purs, sans qu'ils aient été recouverts par le métier à lacets.

Les fabricans de Paris, dont ces nouveaux moyens renversaient toutes les espérances, en suscitant des procès aux fabricans de Saint-Etienne, n'ont pas tardé à arrêter l'essor imprimé dans le principe à cette branche d'industrie.

Aujourd'hui on compte seulement 3 ou 4 fabricans de tissus élastiques à Saint-Etienne et à Saint-Chamond.

FIN DE LA Iʳᵉ PARTIE.

Indicateur

DU COMMERCE, DES ARTS

ET DES MANUFACTURES

DE St-ÉTIENNE,

ORNÉ

DU PLAN DE LA VILLE DE SAINT-ÉTIENNE,

ET DE LA CARTE DE L'ARRONDISSEMENT DE SAINT-ÉTIENNE,

Par Ph. Hedde.

—

5ᵉ Annéé.

—

SAINT-ÉTIENNE,

TYP. DE F. GONIN, 4, RUE DU MARCHÉ.

1836.

TABLEAU

Indiquant la position de toutes les rues et places sur le Plan de la ville de Saint-Etienne, divisé en quatre sections, par la ligne horizontale formée par la route de Roanne au Rhône, et par la ligne verticale qui passe par la rue Royale, route de Lyon, venant aboutir à la rue des Jardins.

SECTION DU NORD.

Rue Royale.
Gérentet.
de la Croix.
Villedieu.
du Jeu-de-l'Arc.
des Chappes.
du Treuil.
Passerat.
de la Vigne.
des Nouvelles-Boucheries.
de l'Ile.
de l'Eternité.
Royet.
Neyron.
Ferdinand.
de Sorbier.
Place de l'Hôtel-de-Ville.
Place de la Monta.
Place aux Bœufs.

SECTION DU COUCHANT.

Rue des Jardins.
de la Paix.
de Paris.
de Roanne.
de la Bourse.
Mi-Carême.
du Palais-de-Justice.
Saint-Paul.
des Deux-Amis.
Tarantaise.
Martourey.
du Coin.
Saint-Jean-Baptiste.
Prairé.
du Grand-Gonnet.
de Montaud.
Bourg-Neuf.
Place Marengo.
Place Saint-Charles.

SECTION DU LEVANT.

Rue de Lyon.
Saint-Jean.
du Grand-Moulin.
de la Comédie
Violette.
Grande Rue.
Saint-Jacques.
Froide.
Saint-Pierre.
Saint-François.

Rue Neuve.
des Moines.
des Prêtres.
Notre-Dame.
Valette.
Valbenoîte.
Saint-Denis.
du Chambon.
de la Charité
des Creuses.
de l'Heurton.
de l'Epreuve.
Fontainebleau.
Dubois.
Villebœuf.
de la Badouillère.
Saint-Roch.
Chapellon.
du Vernay.
des Francs-Maçons.
de la Mulatière.
Pélissier
Place du Marché.
Place Chavanelle.
Place de la Badouillère.
Place Saint-Roch.

SECTION DU MIDI.

Rue de Foy.
de la Loire.
Sainte-Catherine.
des Fossés.
Petite rue des Fossés.
de la Ville.
Roanelle.
Beaubrun.
Polignais.
du Puy.
Panassat.
Croix-des-Missions.
Descours.
Sablière.
de la Darre.
du Mont-d'Or.
des Ursules.
Saint-Marc.
Sainte-Barbe.
des Gaux.
Saint-Louis.
Saint-André.
d'Annonay.
de Tardy.
Place du Palais-de-Justice.
Place Royale.
Place Sainte-Barbe.
Place Grenette.
Place Roanelle.

Nord

Sud

Ouest

Est

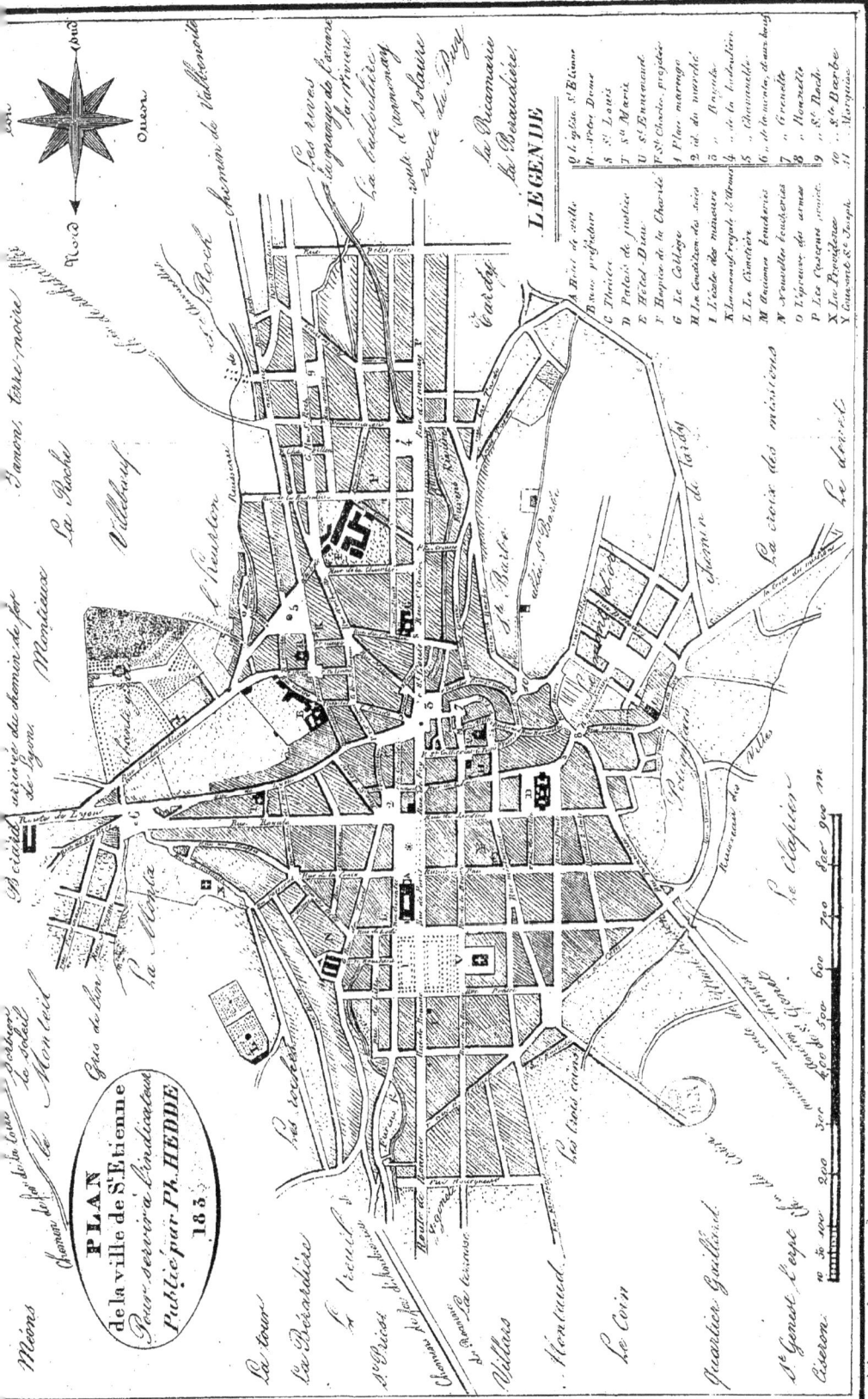

PLAN
de la ville de St. Etienne
Pour servir à l'indicateur
Publié par PH. HEDDE
1835

LÉGENDE

A	Hôtel de ville
B	Sous préfecture
C	Théâtre
D	Palais de justice
E	Hôtel-Dieu
F	Hospice de la Charité
G	Le Collège
H	La Couédan de soie
I	L'école des mineurs
K	
L	Le Cimetière
M	Ancienne boucheries
N	nouvelles boucheries
O	L'épreuve des armes
P	Les Casernes remit.
X	La Providence
Y	Couvent St Joseph

0	L'église St Etienne
1	Not Dame
S	St Louis
T	St Marie
U	St Emmanuel
F	St Charle projeté
1	Place marengo
2	id. du marché
3	Marseille
4	de la Industrien
5	Chevronelle
6	
7	Grenitte
8	Henrette
9	St Bach
10	St Barbe
11	Marquise

La croix des missions

Les indicateurs se trouvent chez tous les libraires de St Etienne.

INDICATEUR

DU COMMERCE, DES ARTS ET DES MANUFACTURES
DE St-ÉTIENNE. — 1835.

ADMINISTRATION DÉPARTEMENTALE.

Députés du département de la Loire.
MM. Durosier, Peyret-Lallier, Ardaillon, Baude, Lachèze fils.
Préfecture de la Loire.
M. Sers, *préfet. Conseil de préfecture.* MM. H. Levet, *secrétaire général,* Barban, Lachèze père, Bouchetal-Laroche.
Conseil général du département. MM. Peyret-Lallier, R. Deprandière, Ardaillon, Heurtier, Courbon-Lafaye, Lions, E. de Villeneuve, Robichon, Deprandière de Saint-Héand, *membres de l'arrondissement de Saint-Etienne.*
Général commandant à Saint-Etienne. M. Pégot.
Ponts-et-chaussées. MM. Dumas, *ing. en chef,* Blondat, *ing. ordin.,* résidant à Saint-Etienne, rue de la Loire, n. 22, Brun, *insp. des chemins vic.,* rue Saint-Louis, n. 9.
Mines. MM. Delseriés, *ingén. en chef des mines,* Gruner, *ing. ordin.* à Saint-Etienne, Foy, à Rive-de-Gier.
Recette générale des finances. MM. de Soultrait, *recev. génér,* de Perthuis, *payeur du dépt.*
Contributions directes et cadastre. MM. Prieur de Lacomble, *direct.,* Maraval, *insp.,* Godefin, *géomètre en chef.*
Direction de l'enregistrement et des domaines. MM. Faure, *direct.,* Guerre, Crabère, *inspect.*
Eaux et forêts. M. Boucheron, *garde général.*
Contributions indirectes. M. Porquier, *direct.*

SOUS-PRÉFECTURE DE SAINT-ETIENNE.

MM. Parran, *sous-préfet,* Pluche-Richard, Delaroa, Duval, Marchais, *employés.*
Conseil d'arrondissement. MM. H. Paliard, Tezenas-Balay, Delaroa, Ronat, Doriel, Tardy, Point, Montchovel, Gillier.
Finances. MM. Lesne, *recev. particul.,* rue Gérentet, n. 29, L. Marin, *caissier fondé de pouvoirs,* Valenne, *chargé de la comptabilité,* Chavanton, *teneur de livres.*
Contributions directes. MM. Sauvade, *percepteur,* rue de la Loire, n. 18, Modérat, *contrôleur,* rue de la paix, n. 44.
Contributions indirectes, rue Praire, n. 3. MM. Petit-Mangin, *direct.,* Brechot, 1er commis, contrôleur de la garantie, Romanet, 2e commis. 16 employés sont chargés des exercices.
Enregistrement. MM. Colin, *conservateur des hypothèques,* rue Mi-Carême, n. 26. Fraistier, *receveur des actes judiciaires,* r. de la Loire, n. 12; Lebon, *receveur des actes civils,* pl. de l'Hôtel-de-Ville, n. 32.

Toute lettre confiée à la poste est inviolable; les *journaux*, les *lettres* et les *imprimés* de toute nature, timbrés, ne contenant aucune espèce d'écriture à la main, autre que des signatures et dates, peuvent être *affranchis* et expédiés sous bandes, en payant 5 cent. Les imprimés qui sont *exempts du timbre* sont les ouvrages relatifs aux sciences et aux arts, les mémoires, etc. La taxe d'affranchissement est de 4 cent. par feuille d'impression et 2 cent. par 1/2 f.

Les lettres pour les *sous-officiers* et *soldats* sous les drapeaux sont reçues à l'affranchissement, à la taxe de 25 c.

Les lettres destinées pour les pays d'outre-mer doivent être *affranchies* jusqu'au port d'embarquement; celles destinées pour l'Espagne, le Portugal, l'Angleterre, l'Irlande, Jersey, Guernesey, l'Autriche et ses possessions en Italie, la Hongrie, la Bohême et la Turquie doivent être affranchies.

DÉPART DES COURRIERS. *Paris* par Roanne, Chazelle, Clermont, Feurs et route. Dernière levée de la boîte, à 9 heures du soir. *Affranchissement*, 6 h. 3/4.

Lyon et route. Dernière levée, 1 h. 1/2 *Affr.* 1 h. du soir.

Annonay, Saint-Vallier, Valence et tout le midi. Dernière levée, 8 h. 1/2 du soir. *Affr.* 6 h. 3/4.

Le Puy et route. Dernière levée, 7 h. 1/2 du matin. *Affr.* 6 h. 3/4 du soir la veille.

Montbrison, Saint-Bonnet. Dernière levée, 10 heures 1/2 du matin. Affr. 10 h.

Pour le service de la ville, il se fait deux *levées* de boîte dans la journée, l'une à 7 h. 1/2 du matin, l'autre à l'arrivée du courrier de Paris. Le service des campagnes est fait par 7 facteurs qui partent le matin à l'ouverture des bureaux.

MM. Meunier, *direct.* A. Geoffroy, *sous-insp.*, Ad. Poucel, 1er c., Breton, 2e *commis*, Grosset, 3e *commis*. A. Bourguet, P. Victoire, D. Guignard, *facteurs de ville*.

ADMINISTRATION MUNICIPALE DE SAINT-ÉTIENNE.

MM. Peyret-Lallier, *maire*, Bodet, Colard, Mey, *adj.*

MM. Melquiond, *receveur municipal*, rue Mi-Carême, n. 26, Plasse, *architecte-voyer*, Décreux, *secrétaire*, Peyron, Bonnet, Guillermin, Gardon, Teyssier, Cœur, Laroche, *commis*, Balloffet, *concierge.*

Chapon, Benaud, Bedrines, *commiss. de police*, Pinatel, Dumas, Piot, Abrial, Callet, Cadot, Meunier, Hunclair, *agens.*

Octrois. Gardrat, *proposé en chef*, Crozet, *contrôl.*, Guiguet, *receveur du bureau central*, Champallier, Jérôme Dumarest, Bizaillon, Clément, Dormand, Michel, Faure, Lafayette, *recev.*

La compagnie des pompiers est d'environ 100 hommes. M. Réocreux, commandant.

La garnison de Saint-Etienne est composée de deux bataillons d'infanterie de ligne, et une demi-batterie d'artillerie.

La gendarmerie, place Chavanelle, est composée d'une brigade à cheval et de deux à pied. M. Bergalasse, *lieutenant.*

Le tribunal civil est composé de deux chambres; elles tiennent les audiences civiles: la 1re, les *lundis, mardis et mercredis* à 9 h., et la 2me, les *mercredis, jeudis, vendredis et samedis*, de 8 h. à 1 h., et les audiences correctionnelles le *jeudi* à 9 h.

1re CHAMBRE. MM.	2me CHAMBRE. MM.
Teyter, *prés.*, r. de la Ville, 17.	Bayon, *vice-présid.*, rue de la
Richard, *juge*, r. de Foy, 14.	Bourse, 84.
Roche-Lacombe, *id.* rue de la	Dubois, *juge*, r. de la Bourse, 85.
Loire, 22.	Robert, *juge*, r. de la Paix.

Parquet. Smith, *procureur du roi*, place du Palais-de-Justice, 30, Pic, Lagrange, *substituts*. Roche-Lacombe, *juge d'instruction*. Durand, *greffier*; Dury, Peuvergne, *commis-greffiers*.

Justice de paix. Division de l'est. Audience les mardis et vendredis, 10 heures.	Division de l'ouest. Les mercredis et samedis.
MM. Masson, *juge*, rue des Fossés.	MM. Vialleton, *juge*, r. Beaubrun.
Vinoy, Morel, *suppléans.*	Mugnier, Vacher, *suppléans.*
Mouly, *greffier*, rue Gérentet.	Gauthier, *greffier*, place Grenette.

Le tribunal de simple police est présidé par un des juges de paix; Décreux, *greffier*, Bedrines, *commissaire de police délégué*.

PRISONS, PLACE DU PALAIS-DE-JUSTICE.

Commission de surveillance. MM. le sous-préfet, le procureur du roi, le maire, Paullian, Escoffier, Maurel, Castel, Thomas. Lassagne, *aumônier*; Meunier, *geôlier*.

TRIBUNAL DE COMMERCE, PLACE DU PALAIS-DE-JUSTICE.

Il tient ses audiences le mardi à trois heures.

Aguiraud, *greffier*, Colomb, Raverot, *huissiers*.

BOURSE DE SAINT-ÉTIENNE, AGENS DE CHANGE, COURTIERS.

Les *agens de change* ont seuls le droit de faire pour le compte d'autrui les négociations des lettres de change, billets de commerce, effets publics, actions de canaux et les placemens d'argent. Ils ont aussi seuls le droit de signer les comptes de retour des effets protestés.

Agens de change. MM. Isidore Hedde, *rue de Paris, n.* 10; F. Raverot, *rue Sainte-Catherine, n.* 5.

Les *courtiers de commerce* ont seuls le droit de faire le courtage des marchandises. MM. Armand, Courally, Micolon, Peyre, Phelip, Maussier, *courtiers en marchandises*.

Les *commissaires-priseurs* sont chargés des ventes publiques judiciaires et volontaires de tous les effets mobiliers, inventaires après décès, etc. Ils ont une salle de vente, rue de la Comédie, où ils reçoivent toutes espèces d'effets à vendre.

MM. Comte, r. *du Marché*, 4; Teyssier, *r. de la Loire*, 7, *commissaires-priseurs*.

64 AVOCATS, AVOUÉS, NOTAIRES, HUISSIERS.

AVOCATS. MM.

B. Morel, rue de la Bourse, 80.
Cl. Marcoux, r. Beaubrun, 1.
P. Dupuy, r. Saint-Louis, 1.
P. Soviche, r. des Fossés, 9.
G. Voilquin, r. de la Loire, 5.
P. Brun, r. de la Bourse, 77.
J.-V. Jarre, r. Mi-Carême, 8.
Sauzéas, r. des Jardins, 14.
P. A. Fromage, r. de Foy, 44.
Et. Peyret, r. de Foy, 7.
Vier, r. Gérentet, 25.

AVOCATS STAGIAIRES. MM.

Kérisouet. r. Ste-Catherine.
Lamouroux, r. de la Paix.
Dumalle, r. du Marché, 4.
Heurtier, rue des Jardins, 30.

NOTAIRES. MM.

Bonnet, r. Froide, 16.
Dobler, place Royale, 13.
Garcin, r. de Foy, 48.
Grubis, r. de Paris, 18.
Lepoivre, r. du Marché, 4.
Mey, r. de la Ville, 24.
P. Peyret, pl. Royale, 3.
Quantin, r. de Foy, 56.
Saint-Cyr, r. de Foy, 7.

AVOUÉS, PRÈS LE TRIBUNAL DE SAINT-ÉTIENNE.

A. Vacher, r. de la Loire, 35.
Foujols, r. de Foy, 15.
Vier, r. Gérentet, 25.
J.-B. Fromage fils, r. de Foy, 44
J.-C. Mugnier, r. de Foy, 9.
F. Verdollin, r. de Foy, 9.
B. Courbon, r. des Jardins, 6.
A. Vernoy, r. de la Loire, 24.
Berthon Lagardière, r. de Foy, 56.
J. Barberet, r. de la Bourse. 65.
Magdinier, pl. Hôtel-de-Ville, 36.
Pété, place Hôtel-de-Ville, 28.
Goin, r. de Foy, 13.
Point, r. de la Bourse, 77.

HUISSIERS. MM.

Champallier, r. de la Loire.
Chomat, r. de la Ville.
Chieze, r. Froide.
Colomb, r. Neuve.
Chenu, r. du Grand-Moulin.
Devun, r. de Foy.
Gourdon, r. de Lyon.
Mourgues, r. du Marché.
Pervanchon, r. Neuve.
Raverot, r. de Lyon.
Roux, rue Roanelle.
Vacher, pl. du Palais-de-Justice.

DOCTEURS EN MÉDECINE ET EN CHIRURGIE. MM.

Bongrand, pl. du Marché, 4.
Dayral, r. Saint-Louis, 5.
Didier, r. du Chambon, 17.
Escoffier, pl. Royale, 3.
Girard, Grande-Rue, 37.
Guyot, r. Saint-Louis, 3.
Quioc, r. Neuve, 46.

Rigolot oncle, r. Ste-Catherine, 7.
Rigolot neveu, r. de Foy, 21.
Robin, r. du Chambon, 13.
Roufliac, r. de la Bourse, 74.
Soviche, pl. de l'Hôt.-de-Ville, 35.
Thomas, r. de Foy, 50.
Vial, pl. de l'Hôt-de-Ville, 39.

CONSEIL DES PRUD'HOMMES A L'HOTEL-DE-VILLE.

L'institution des *prud'hommes*, dans le commerce, a pour objet de connaître et de juger les contestations qui peuvent s'élever entre les *manufacturiers* ou fabricans; les *commis*, les *chefs d'atelier*, ouvriers, *compagnons*, apprentis, manœuvres, etc. Leur juridiction s'étend sur tous les objets relatifs à toutes les diverses branches de fabrication et d'industrie, les contraventions aux lois.

et aux usages de la fabrique. Ils veillent à la *conservation des marques et des dessins;* ils sont enfin chargés des règlemens de compte et de la police entre les ouvriers et ceux qui les emploient.

Les *conseils de prud'hommes* ne peuvent être composés que de *négocians, fabricans* et *chefs d'ateliers.* Ils doivent être renouvelés en partie au bout d'un temps déterminé. Le renouvellement doit avoir lieu au scrutin et à la majorité absolue des suffrages, dans une assemblée générale de tous les fabricans et chefs d'ateliers, présidée par le préfet ou par un fonctionnaire délégué par lui. Aussitôt après leur élection, ils nomment un *président* et un *vice-président,* qui exercent pendant un temps fixé.

Pour concilier les parties, les prud'hommes forment un *bureau particulier,* qui peut n'être composé que de deux membres, dont un fabriquant et un chef d'atelier. Au jour fixé par la lettre d'invitation du secrétaire, ou par la citation de l'huissier, qui n'est donnée que d'après l'autorisation du conseil, les parties doivent paraître en personne, ou remplacées au besoin par un porteur de procuration. Le *bureau particulier* fait tous ses efforts pour les concilier; s'il ne peut y parvenir, il les renvoie devant le *bureau général.* Les condamnations ne se prononcent qu'à la majorité absolue des suffrages. Les *prud'hommes* jugent et condamnent sans formes ni procédure, et en dernier ressort jusqu'à la somme de 100 fr. Ils peuvent être *récusés,* quand ils ont un intérêt personnel à la contestation, quand ils sont en procès, parens ou alliés avec l'une des parties, jusqu'au degré de cousin germain, ou enfin s'il leur a été donné avis de l'affaire par écrit.

Le fabricant qui veut conserver la propriété de la marque dont il empreint ses produits, est tenu de faire le dépôt de cette empreinte au secrétariat du conseil des prud'hommes, et de le faire constater par un acte de dépôt; de même le fabriquant qui veut revendiquer la propriété d'un dessin de son invention, doit préalablement avoir fait le dépôt au secrétariat du conseil des prud'hommes, d'un *échantillon* de ce dessin, qui est mis sous enveloppe revêtue de son cachet, de sa signature, et du sceau du conseil. Il appartient seulement au conseil de constater la contravention. (Il semblerait plus convenable que le conseil des prud'hommes soit seul appelé à juger toutes les affaires de ce genre, les parties restant libres d'en rappeler devant les tribunaux.) La connaissance des contestations relatives aux *brevets d'invention,* qui jusqu'à présent a appartenu aux juges-de-paix, devrait aussi entrer dans la juridiction des conseils de prud'hommes dont l'utilité ne peut être contestée : en 1833 sur 2,646 affaires portées devant le conseil de Saint-Étienne, il n'a été rendu que 25 jugemens.

Le conseil des prud'hommes de Saint-Étienne, se compose de 13 juges et 2 suppléans. MM. Michel, *secrétaire ;* Colomb, *huis.*

CHAMBRE DE COMMERCE DE ST-ÉTIENNE A L'HOTEL-DE-VILLE.

Cette institution a pour objet de présenter au gouvernement ses vues sur les moyens d'accroître la prospérité du commerce et de l'industrie, et de faire connaître les causes qui en arrêtent les progrès. MM. le Maire, *président ;* Joyin-Deshayes, *vice-prés.*

Vers le milieu du siècle dernier, il s'était formé à St-Etienne,
une *Société d'agriculture* qui dépendait de celle de Lyon; dis-
soute en 1792 et rétablie en 1820 sur des bases différentes, elle dépendait alors de la société de Montbrison, dont elle a fini par se
séparer entièrement. La *Société d'agriculture de Saint-Etienne* a
pris enfin, en 1833, le titre de Société Industrielle, plus en har-
monie avec ses véritables attributions. Elle est composée de membres titulaires et honoraires, d'associés libres et correspondans;
elle publie tous les mois un cahier de mémoires, dissertations et
notices relatives aux sciences, aux arts utiles et à l'agriculture. La
première livraison de ce recueil a paru en octobre 1822. Ses membres se réunissent une fois par mois dans une des salles de l'Hôtel-
de-Ville, où se trouve la bibliothèque de la société.

Président, M. Peyret-Lallier, *secrétaire*, M. Bayon.

Membres honoraires, MM. le préfet de la Loire, le sous-préfet
et le maire de Saint-Etienne.

MEMBRES TITULAIRES. MM.

Bayon.	Ph. Hedde	A. Montanier.	A. Royet.
L. Beaunier.	Is. Hedde.	F. Paliard.	Smith.
M. Boggio.	V. Jovin.	Peyret-Lallier.	J. Soviche.
Durry aîné.	Jovin-Deshayes.	Al. Peyret.	Gélas.
P. Grubis.	Locard-Denoël.	Peyret-Dubois.	R. Chamboyet.
Grubis-Delisle.	Maurel.	Aug. Robin.	

Le Musée de Saint-Etienne, à l'Hôtel-de-Ville, est formé de
précieuses collections de minéralogie, de coquilles, de papillons
exotiques et indigènes, d'animaux, d'oiseaux et d'objets d'art.
Conservateur, M. Eissautier.

Le Musée Industriel se compose des produits des fabriques
du pays; ils sont exposés dans le cabinet d'histoire naturelle, et
renfermés dans des placards vitrés. *Conservateur*, M. Ph. Hedde.

On remarque parmi les objets exposés, des *bois de fusils* sculptés; des canons, des platines et des garnitures *d'armes à feu*, gra-
vées et sculptées par les meilleurs ouvriers de Saint-Etienne; divers articles de *quincaillerie*; des échantillons, des fabriques de
rubans unis et façonnés de tous genres; des *velours*, des *lacets*,
des *soies* récoltées dans l'arrond., des fils et des *tissus élastiques.*
Enfin *un métier à la barre à la Jacquard à 4 pièces*, dont les navettes sont mises en mouvement au moyen d'un battant dit à *scie*,
fait à Saint-Etienne. Parmi les fabricans de l'arrondissement de
St-Etienne, qui ont envoyé leurs produits à *l'exposition nationale*
de 1834, ont obtenu des rappels de *médailles d'or*. MM. Leclerc et
cᵉ de la Bérardière, et Jakson fr. d'Assailly, *fabricans d'aciers.*

Médaille d'argent, Vignat-Chovet, *fab. de rubans. Médailles de
Bronze*, Faure frères, Robichon et compᵉ, Colcombet et Paliard,
de Saint-Etienne; Bancel, de Saint-Chamond, *fab. de rubans*;
Mercoiret, Frichou-Debrie et compᵉ, Malespine, *trav. sur métaux*; Hutter et compᵉ, de Rive-de-Gier, *verreries*; J.-B. Bèche-
toille et compᵉ, de Bourg-Argental, *papeteries.*

L'hôpital, desservi par des sœurs hospitalières de Nevers, est destiné aux malades indigens.

L'hospice de la charité est destiné à servir d'asile aux vieillards sans ressources, et aux enfans orphelins de familles indigentes. Ces deux hospices sont administrés par une commission *présidée par le maire*. MM. Terme, *vice-président ;* Vialleton, Larderet, Basson, Jacquemond. Manaud, *trésorier ;* Guibet, *secrétaire ;* Bénevent, *économe ;* J.-B. Lacombe, *aumônier de la Charité*. Madame la supérieure, *économe ;* Font, *aumônier* de l'hôpital.

MM. Soviche, Vial, *chirurgiens ;* Quioc, Thomas, Escoffier, *médecins des hospices.*

La commission administrative des hospices est chargée de placer en nourrice les enfans trouvés.

L'hospice de la Providence, rue de l'Eternité, dirigé par des sœurs de Saint-Joseph, a pour objet de recueillir les jeunes filles de l'âge de 7 ans, et de leur apprendre l'ourdissage, le dévidage et la couture ; après les avoir gardées jusqu'à l'âge de 18 ans, on leur procure des places. Cet établissement qui compte dans ce moment près de 160 élèves, se soutient au moyen de dons volontaires, et par le travail qui se fait dans la maison.

Le conseil d'administration est composé de 25 dames prises parmi les fondatrices de cet établissement, et qui se réunissent plusieurs fois par mois, dans un atelier de travail, pour la confection des vêtemens que l'on distribue aux indigens. MMmes Deshayes, Jacquemont, Neyron, *administ.*

L'établissement du Pieux Secours a été fondé et est dirigé par *Reine Françon*, qui obtint en 1829 le prix de vertu, fondé par M. Montyon. Vingt-deux sœurs de Saint-Joseph s'occupent dans cette maison à apprendre le dévidage, l'ourdissage, et la couture aux petites filles orphelines, au nombre de plus de 100, qui sont recueillies dès l'âge de 10 ans, et gardées jusqu'à 18. Lorsqu'elles sont en état d'être placées, et qu'on a trouvé pour elles des maisons où leurs mœurs n'aient rien à redouter, on leur donne un trousseau, et la somme nécessaire pour vivre pendant 2 mois.

Bureau de bienfaisance. MM. Jacquemond, *présid.* Durand-Badel, Palluat-Peyret, Smith, Valentin.

Médecins. MM. Bongrand, Quioc, Robin, Soviche, Vial.

Les *sœurs de Saint-Vincent-de-Paule* établies rue de l'Hôpital, sont chargées de la distribution des secours en alimens et médicamens pour les malades indigens.

Caisse d'épargne et de prévoyance, à l'Hôtel-de-Ville ; *le maire, président.*

CULTE CATHOLIQUE. — *Il existe à Saint-Etienne cinq paroisses, qui sont :*

St-Etienne. curé M. Dézeurs.	*St-Louis.* Curé, M. Grange.
Clément, Robert, Pascal, *vic.*	Vanelle, Bergougnoux, *vic.*
Notre-Dame. Curé, M. St-Jean.	*Ste-Marie.* Curé, M. Gillet.
Valette, Font, Mazenot, *vic.*	Richard, Piotery, Saillard, *vic.*
St-Ennemond. curé, M. Viallard.	Le temple de l'église réformée, à
Pupier, Bardonnet, *vic.*	la Bourse ; *pasteur*, M. Roussel.

MM. le sous-préfet, *président ;* Dupuy, principal, *vice-présid.*

Le maire.	R. Deprandière.	Grubis.
Le proc. du Roi.	Deprandière de St-H.	Lions.
Ardaillon.	De Villeneuve.	Masson.
Arnaud.	Dubois.	Rousset.
Berthet.	Dézeurs.	Robichon.
Courbon-Lafaye.	Heurtier.	A. Royet.

COLLEGE DE SAINT-ETIENNE, RUE SAINT-LOUIS.

Le plan des études embrasse l'instruction toute entière. *Bureau d'administration :* MM. le sous-préfet, le maire, A. Royet, Terme, Forest aîné.

MM. Dupuy, *principal,* Freycon, *aumônier,* Gandy, *surveil- lant général,* Barral, Reynaud, Blanchon, Chambon, *surveillans.*

Professeurs : Dupont, *mathématiques spéciales, chimie, hist. nat.* Gandy, *math. élémentaires,* 5me et 6me *;* Delarue, *rhétorique ;* Mauvernay, 3me et 4me *; math. élémentaires,* Tash, *allemand et tenue de livres ;* Hawking, *anglais;* Barral, Blanchon, Chambon, *calligraphie et inst. primaire ;* Debré, *musique, danse, escrime ;* Malatesta, *italien ;* Gerboud, *dessin.*

L'enseignement Mutuel, dirigé par M. Robert, jouit de tous les avantages du collége. L'instruction y comprend la lecture, l'écriture, l'orthographe, l'analyse grammaticale et logique, l'arithmétique, la géographie, l'histoire et le dessin linéaire.

L'école gratuite de dessin, à l'Hôtel-de-Ville, reçoit gratuitement tous les jeunes gens admis par la ville, M. Gerboud, *professeur,* rue de la Loire, n. 22.

Instituteurs élémentaires. MM.
Bouillon, rue de la Ville.
Durand, rue Gérentet.
Montchal, Grande-Rue.
Mouton, r. de la Croix.
Prat, r. de la Loire.
Rousset, r. de la Comédie.
Vincent, r. de la Comédie.

Maîtresses de pension. Institut.
Institution Prat, r. des Chappes.
Davrède, r. Mi-Carême.
Ursulines de la Visitation, à Sainte-Marie.
Couvent de Saint-Joseph, r. Mi-Carême.

ECOLES DES FRÈRES DE LA DOCTRINE CHRÉTIENNE,

Les frères, au nombre de vingt, se partagent l'enseignement d'environ 2,000 enfans de parens peu aisés des cinq paroisses de la ville, qui apprennent à lire, à écrire, le dessin linéaire, le calcul, les élémens de l'histoire et de la géographie : ils sont rétribués par l'administration municipale.

ECOLES DES FILLES.

Les sœurs de Saint-Charles, grande rue Saint-Jacques, apprennent gratuitement aux jeunes filles de parens peu aisés, la lecture, l'écriture, la couture. Ces sœurs, au nombre de vingt, qui reçoivent un traitement de l'administration, tiennent tous les jours plusieurs classes pour chacune des paroisses de Saint-Etienne; le nombre des élèves est de 1,700.

Mines de Houille. L'exploitation des mines de houille de l'arrondissement a pris un grand développement depuis la confection des chemins de fer de Lyon, de la Loire et de Roanne, qui ont ouvert de nouveaux débouchés. La bonne qualité des houilles de l'arrondissement de St-Étienne, les fait rechercher pour les usages domestiques, et pour le travail d'un grand nombre d'usines. On compte dans ce moment plus de 100 puits d'exploitation en activité, qui emploient 98 machines à vapeur, et livrent annuellement à la consommation près de 7 millions de quintaux métriques de houille; le nombre d'ouvriers employés est de 2,897, et le nombre des chevaux de 372.

Noms des propriétaires ou extracteurs des mines de houille des environs de Saint-Etienne.

Merle et Jovin, *à la Chaux.*	Jovin frères, *au Trouil.*
Augier, *à St-Jean-Bonnefond.*	Paillon, *à la Chana.*
Seguin et comp., *à Bérard.*	Desjoyaux, *à Bois-Monzil.*
Didier, *à Bérard.*	Palluat, *au Quartier-Gaillard.*
Berthon et Durand, *à Bérard.*	Grangette, *à la Brunandière.*
Lacombe, Vachier, *à Côte-Thiol.*	Salomon, *au Montcel.*
Remel, Garnier, *à Monteil.*	Roland, *à Trablaine.*
Héritiers Payet, *à Monteil.*	Comp. des mines de la *Ricamarie.*
Gilibert, Barlet, *à la Roche.*	Chaumier, *à la Ricamarie.*
Bréchignac, *au Soleil.*	Grosdemanche, Barlet, *à la Berr*.
Neyron, *à Méons.*	Merle, *à la Coche.*
Thivolet et Comp., *à Roveux.*	Comp. des mines de *Firminy* et
Brizon, *à Roveux.*	de *Roche-la-Molière.*
De Rochetaillée, *au Cros.*	Boggio, *à Firminy.*

ECOLE DES MINEURS, RUE DE ROANNE, N. 32.

L'enseignement comprend les élémens de mathématiques et de géométrie descriptive, avec leurs applications à la levée des plans, au dessin linéaire, et aux constructions; les élémens de physique, de chimie, de métallurgie, de géologie et de mécanique; l'exploitation des mines, etc.

Le cours complet des études qui commencent le 25 septembre de chaque année est fait en deux années ou trois au plus. Les élèves après les examens reçoivent des brevets de 1re, 2me ou 3me classe. Il a été créé une classe spéciale en faveur des ouvriers qui, après deux ans d'études, pourront obtenir des brevets de 3me classe.

MM. Beaunier, insp. gén. des mines, *Directeur;* Delseriés, *directeur adjoint;* Fénéon, Clapeyron, Gervoy, Malinvaud, *professeurs;* Locard, *prép. de chimie;* Murgue, répétiteur surveillant.

MINES DE FER, HAUTS-FOURNEAUX ET FORGES.

Le minerai de fer qui se trouve en connexité avec les mines de houille ou dans leur voisinage, est employé avec les minerais de la Tour, de Firminy et de la Voulte, à la production de la fonte dans les établissemens de *hauts-fourneaux de Janon*, près de St-Étienne, et *de l'Orme*, près de Saint-Chamond; la fonte est convertie en fer malléable dans les *forges de Terre-Noire*, de *Saint-Julien* et de *Lorette.*

Forges de territoire. MM. Génissieux, *directeur* ; Rimaud, *cuisinier* ; Richard, *teneur de livres* ; Debouchaud, Gauthier, de Montbrun, *employés.*

Les hauts-fourneaux de Janon sont exploités par les compagnies des forges de Lorette et de Terre-Noire, M. Génissieux, *direct.*

Avant 1815, la France était tributaire de l'Angleterre et de l'Allemagne, pour les *aciers* que l'on employait dans le commerce. Le premier établissement de ce genre fut fondé à cette époque par M. *Jakson père, à Trablaine.* MM. *Jakson fr.* ont transporté depuis quelques années leur établissement à *Assailly*, près de Rive-de-Gier, où ils ont placé une machine à vapeur de la force de 36 chevaux, pour *l'étirage* et le *laminage* de l'acier.

Ils fabriquent des aciers fondus de tous genres. La nouvelle qualité qu'ils obtiennent depuis quelques temps, reconnue supérieure à l'acier anglais, porte la marque de *Jakson, fr., qualité garantie.* Les produits de cette manufacture sont employés avec avantage dans les arts à la fabrication des armes de tous genres.

L'usine de la Bérardière dont les produits ont mérité à M. *Milleret* la médaille d'or dans l'exposition de l'industrie nationale, est exploitée par MM. *P. A. Leclerc et comp*e, qui s'occupent de la fabrication des *aciers fondus* fins pour rasoirs et burins, des *aciers fondus très-doux et soudables*, ainsi que de toutes espèces d'aciers corroyés et raffinés pour armes de guerre, taillanderie et coutellerie.

La fabrique de MM. *Robin et comp., à Trablaine*, près le Chambon, s'occupe du corroyage des aciers et de la fabrication des aciers fondus et des limes, qui sont très-recherchés.

MM. *Holtzer et comp., à Cotatay*, près la Ricamarie, fabriquent des aciers raffinés d'une qualité supérieure.

MM. *Frichou, Debrie et comp.*, ont fondé à Saint-Etienne un établissement pour la fabrication des *aciers fondus*, par un nouveau procédé, qui sont d'une très-bonne qualité et employés, dans le commerce, en concurrence avec les aciers des autres fabriques. Leurs produits ont été mentionnés honorablement à l'exposition nationale de 1834.

Des laminoirs et des fonderies mis en mouvement par des machines à vapeur et par des cours d'eau, donnent au fer toutes les formes demandées par le commerce.

Les *Aiguiseries* sont des usines destinées à donner le tranchant aux lames de couteaux, et à dégrossir et polir différens objets de quincaillerie et d'armurerie. Elles sont mues par des cours d'eau ou par des machines à vapeur, et sont situées aux environs de St-Etienne. Le bel établissement de MM. *Jovin P. et F.* aux Rives, se compose de meules et de tours pour l'aiguisage des canons, des corps de platines et des baïonnettes ; de forages de canons, etc., le tout mis en mouvement par une superbe machine à vapeur, de la force de 56 chevaux.

L'usine de la Badoulière est formée de forages de canons, de meules pour l'aiguisage des canons, des sabres et des objets de quincaillerie ; tous les artifices sont mis en mouvement par une machine à vapeur, de la force de 45 chevaux.

Les chemins de fer sont composés de barres ou ornières de fer ou de fonte, élevées à quelque distance du niveau du sol et placées parallèlement sur une chaussée. *Les roues* en fonte des charriots sont retenues sur les barres par des rebords qui leurs servent de guides.

Les chemins de fer de l'arrondissement, qui sont les premiers établis en France, ont opéré une grande révolution dans les transports, par l'économie qui en résulte.

Le *chemin de fer de Saint-Etienne à Andrézieux* qui a été construit par M. Beaunier est à une seule voie à rails de fonte; sa longueur est d'environ 18,000 mètres. De très-belles voitures sont destinées au transport des voyageurs.

Le *chemin de fer de Saint-Etienne à Lyon*, qui a environ 60 mille mètres de longueur, a été construit par la comp. *Seguin frères, Biot et comp.;* il commence à la Monta, à l'entrée de la ville de Saint-Etienne, passe par *Saint-Chamond, Rive-de-Gier* et *Givors*, remonte en cotoyant le Rhône, et va aboutir au milieu de la presqu'île de Perrache. Il est presqu'entièrement construit à double voie, et traverse plusieurs montagnes au moyen de *percées*, dont les plus considérables sont celle de Terre-Noire, qui a 1500 et celle de Rive-de-Gier 1000 mètres de longueur.

Trois espèces de *voitures* dont les prix sont différens, sont disposées pour recevoir les voyageurs, dont le départ a lieu deux fois par jour en été et une fois en hiver. Ordinairement les distances sont parcourues à peu près ainsi qu'il suit :

De Saint-Etienne à Saint-Chamond,	3/4 d'h.	De Lyon à Givors,	1 1/2 h.
De Saint-Chamond à Rive-de-Gier,	3/4	De Givors à Rive-de-Gier,	1 1/4
De Rive-de-Gier à Givors,	1 1/4	De Rive-de-Gier à Saint-Chamond,	1
De Givors à Lyon avec chevaux,	1 1/2	De Saint-Chamond à Saint-Etienne,	1

Des *omnibus* amènent de Lyon et de Saint-Etienne les voyageurs jusqu'au chemin de fer, et les ramènent dès que les voitures sont arrivées. Des machines locomotives servent à remplacer en partie les chevaux pour le transport des marchandises.

Le chemin de fer de Saint-Etienne à Roanne, en partie à double voie, a 80 mille mètres de longueur : il a été construit par MM. *Mollet et Henri.* Il traverse la plaine du Forez, et franchit ensuite la chaîne de montagnes, qui sépare cette plaine de celle de Roanne, au moyen de petits percemens, de tranchées de remblais et de *plans inclinés*, dont trois d'une grande élévation. Les voyageurs sont transportés dans d'élégantes voitures à 50 places, avec une grande vitesse, au moyen de *machines locomotives* ou de chevaux. Les voitures remontent rapidement les grands plans inclinés au moyen de *machines fixes*, ou de chevaux, jusqu'au point culminant de la montagne qu'elles redescendent ensuite, par la seule impulsion des voitures. Ce chemin se soude avec celui d'Andrézieux, près de la Fouillouse : de là jusqu'à Saint-Etienne; les deux chemins se servent de la même voie.

Une loi a autorisé l'exécution d'un embranchement de chemin de fer à une seule voie, sur la grande route de *Montrond à Montbrison*.

On compte dans l'arrondissement de Saint-Etienne environ 38 *fours de verreries* en activité, dont 31 à *Rive-de-Gier*, 3 à *Firminy*, 3 à la *Ricamarie*, un à *Bérard* près Saint-Etienne; il en existe aussi 14 hors de l'arrondissement, dont 12 à *Givors* et 2 à *Saint-Just;* ils occupent un grand nombre de pileries de matières.

Ces établissemens fabriquent des verres à vitres, des bouteilles et de la gobeleterie, qui s'exportent dans toutes les contrées du monde.

25 *fours à chaux* fournissent la plus grande partie de celle employée dans les constructions et par les usines, le surplus est produit par l'arrondissement de Montbrison.

Il existe plusieurs *papeteries* dans l'arrondissement. La plus considérable est celle de MM. *J.-B. Béchetoille et comp. de Bourg-Argental*, mentionnés honorablement à l'exposition de 1834. Cet établissement qui a contribué au développement de l'industrie de la papeterie en France, fonctionne d'après un système continu, par l'emploi des *machines dites sans fin*.

MANUFACTURE ROYALE D'ARMES A FEU, PL. CHAVANELLE.

Ce fut vers l'an 1535, et sous le règne de François 1er, que l'ingénieur Virgile établit la *manufacture d'armes de guerre* à Saint-Etienne. Depuis cette époque jusqu'au commencement du 18e siècle, le gouvernement faisait aux armuriers, sans établir aucune distinction, de simples commandes des armes dont il pouvait avoir besoin : *P. Girard* fut le premier qui obtint le droit de fabriquer des armes de guerre, et dès 1717, des *officiers d'artillerie* furent envoyés à Saint-Etienne afin de surveiller les détails de la fabrication, qui, jusques là, avaient été abandonnés à la seule expérience de l'ouvrier.

Avant 1769, la fourniture des armes était faite par plusieurs *entrepreneurs :* à cette époque, elle ne fut confiée qu'à un seul, et cet établissement prit par édit du roi le titre de *manufacture royale*. Avant 1789, la manufacture livrait environ 12,000 fusils par an. En 1795, elle en fournit plus de 100,000, outre un grand nombre de *pistolets*, de *sabres* et de *baïonnettes :* pendant les dix années qui ont précédé 1814, la fabrication moyenne annuelle était à peu près de 110,000 fusils. Depuis 1815 jusqu'en 1830, la fabrication ne dépassait pas 30,000. En 1831, elle s'est élevée à 104,700; on n'a pas compris dans ce nombre les *fusils n.* 1 fournis par les fabricans d'armes de Saint-Etienne, qui avaient obtenu la permission de fabriquer ce modèle d'armes. En 1832, elle s'est élevée à 110,319, et en 1833, à 119,096.

MM. Jovin p. et f., *entrepreneurs*, Regnault, chef-d'escadron, *directeur*, d'Haubersin, capitaine en 1er, *sous direct.*, Masclet, Jacquinot, Chabord, Recourdon, de Massas, Villard, Chantron, *cap. adjoints.*

Aury, 1er *contrôleur*, Merley, Germain, Compas, Téte, Penel, Loiseau, J. Merley, *contrôleurs de 2e classe.*

Boissonnas, Basset, Bourly, J.-B. Dagier, P. Dagier, Terrasson père, A. Dagier, Péytel, Pondeveaux, Terrasson, Rast, Seux, L. Faure, J. Charles, Joubert, *employés.*

Saint-Étienne est renommé par sa fabrique *d'armes de chasse et de luxe.* Cette branche d'industrie a reçu depuis quelques années de grands perfectionnemens dans toutes ses parties, surtout depuis l'invention des *fusils à piston.* MM. *Robert, Lefaucheux* et *Tourette,* viennent de faire connaître de nouveaux genres de fusils qui se chargent en plaçant la cartouche dans la culasse.

Dans le *fusil Lefaucheux,* le canon pivote à charnière sur un prolongement du devant de la sous garde ; dans le *fusil Robert,* le canon est immobile, et il se charge en découvrant la tranche postérieure du canon. Ces fusils ont tiré 5 à 6 coups par minute.

FABRICANS D'ARMES A FEU DE TOUS GENRES, MM.

1re série. Asselinau, r. *Valbenoîte.*
Basson, r. *de la Loire.*
Bastide, place *de l'Hôtel-de-Ville.*
Brossard-Merley, g. r. *du Treuil.*
Berthon Bourlier f., r. *N.-Dame.*
Brunon f., *seuls fab. de fusil Le-faucheux,* r. *de l'Hôpital.*
Bourgaud *et compe, fabricans de fusils à canne,* r. *Saint-Louis.*
Brun fils, r. *Saint-Roch.*
A. Descos, p. *Chavanelle.*
Flachat-Peyron, r. *de Lyon.*
Faure-Veyron, rue *Saint-Roch.*
Génissieux, *Grande rue.*
Hospital p. et f. r. *des Fossés.*
Jalabert-Lamote, A. r. *des Fossés.*
Fontvieille, r. *Valbenoîte.*
Linossier, r. *Valbenoîte.*
A. Malaure, r. *Neuve.*
Francis Murgue, r. *Saint-Louis.*
Galey-Murgue, *Grande-Rue.*
Murgue, p. *Chavanelle.*
Madinier, p. *Hôtel-de-Ville.*
Paliard-Vialleton fr., r. *des Gaux.*
G. Penel-Alary, r. *Saint-Louis.*
J. B. Peyron, p. et f., *Grande r.*
Plotton n. Salichon A., r. *Royale.*
J.-B.-Prost-Ducoin, r. *Valbenoîte.*
Rey-Dumarest, r. *de la Croix.*
Rey-Desjoyaux, r. *de Lyon.*
Pinmartin et compe, r. *Froide.*
Roguet, r. *du Chambon, ne trav. que par commande pour part.*
Tourette, p. *Chavanelle,* breveté pour un nouveau fusil.
Veyron, r. *des Jardins.*
L. Veyron, r. *Saint-Louis.*

2me série. Baroulier, r. *St-Roch.*
Beraud, r. *Valbenoîte.*
L. Berthéa, r. *du Chambon.*
Blanchon, p. r. *de la Vierge.*
Bongrand f. p. r. *Neuve.*
Bongrand, r. *de la Vierge.*
Chenevier F., r. *Polignais.*
Canonier, r. *Saint-Roch.*
Chanon, r. *Polignais.*
Chabat, r. *de Lyon*
Chapelle-Blajot, p. *Chavanelle.*
Chanavat, r. *Royale.*
Chassin-Guillermin, r. *Hôpital.*
Cuileron, p. *Chavanelle.*
Davaise F. r. *du Chambon.*
Drutel aîné, *Grande Rue.*
Davaise père, P. r. *de l'Hôpital.*
Dutour, r. *Polignais.*
Dugenne, r. *Valbenoîte.*
Egallon F., r. *Tarantaise.*
L. B. Eyraud, r. *du Vernay.*
Gerest F., r. *de Lyon.*
V. G.-Gonnet, r. *Tarantaise.*
N. Larderet, r. *des Capucins.*
Louison-Chabat, r. *Saint-Jean.*
L. Maguin, r. *Saint-Jacques.*
Maguin-Bertel, r. *Saint-Roch.*
Maguin aîné, r. *Notre-Dame.*
Maguin-Frogier, r. *Saint-Roch.*
Meyrieux, r. *Violette.*
Offray aîné, r. *Tarantaise.*
Pomerol, r. *Tarantaise.*
J.-B Retru, p. r. *Notre-Dame.*
Robert-Maguin, r. *Saint-Roch.*
Vernay-Caron, p. *Notre-Dame.*
Veyron Cadet, r. *Saint-Louis.*

Forgeurs de canons.
Berthéa.
Brossard-Rozet.
Chaleyer fils.
Champaley.
Digonnet.
Fournier-Fayole.
A. Flachat.

Giraud-Lallier.
Lyonnet-Jacob.
A. Lyonnet.
Javelle.
F. Lallier.
Merley-London.
Merley-Fraisse F.
A. Merley.

Merley-Charles.
Merley-Tivet.
Merley-Baronlier.
Meyrieux-Jacod.
Meyrieux.
Massardier-Berthon.
J. Robert.
Robert-Maguin.

L'épreuve des canons des armes de guerre est faite sous la surveillance des officiers d'artillerie; celle des armes de commerce a lieu dans un établissement particulier, sous l'inspection des syndics nommés par les fabricans d'armes de Saint-Etienne. Merley-Duon, *contrôleur de l'épreuve*, place Chavanelle.

Les platines des armes de guerre et de commerce se fabriquent presque exclusivement aux environs de Saint-Etienne, dans les villages de *Saint-Héand, Létra, Latour, Saint-Priest;* Les ouvriers apportent et vendent les platines toutes confectionnées aux fabricans d'armes de la ville. La *manufacture d'armes de guerre* fait ordinairement établir dans des ateliers particuliers les *corps,* les *chiens,* les *bassinets* et les *batteries de platine,* qui sont remis à ces mêmes ouvriers pour qu'ils y ajustent toutes les autres pièces; puis elles sont remises toutes finies à la manufacture, qui les fait visiter par les contrôleurs de l'artillerie.

Les autres pièces de l'arme à feu de guerre et de commerce, telles que les *baïonnettes,* les *baguettes,* les *cheminées,* les *culasses,* les *chambres* et les *garnitures* sont faites en général à St-Etienne par des ouvriers qui ne s'occupent spécialement que de la confection d'une seule pièce.

GRAVEURS , DAMASQUINEURS.

On emploie avec succès la *gravure,* la *ciselure* et l'*incrustage* en or et en argent pour la décoration des armes de luxe et de chasse.

Graveurs, ciseleurs.
Crozet, Grand'Rue.
Durand, place Chavanelle.
Faudrain, place Chavanelle.

Paret, place Chavanelle.
Pupil, rue Notre Dame.
Rozet, rue Mi-Carême.
Roule, rue de l'Hôpital.

Le *damasquinage* a pour but de décorer les armes de vignettes, de dessins et d'arabesques en or ou en argent superposés. *Damasquineurs.* Colomb, Robert, Dumarest, Vacher, Crozet.

Les *bois* des armes à feu sont enrichis de divers ornemens sculptés de diverses manières, par des ouvriers dits *canneleurs.* D'autres appelés *monteurs* placent et assujétissent toutes les pièces de l'arme sur le bois qu'ils découpent, et auquel ils donnent les formes et les courbures voulues. Chausson, Fayet, Faure, Giron, Murgue, *monteurs.*

Les *canons* après avoir été remis aux *monteurs,* sont livrés à des ouvriers dits *acheveurs,* qui les finissent extérieurement.

La fabrique de quincaillerie, très-ancienne dans notre ville, voit augmenter chaque jour le nombre de ses produits, par suite des améliorations apportées dans plusieurs de ses articles, tels que : les *boulons, les vis de lit*, etc. Cette branche d'industrie comprend tous les objets d'acier, de fer et de tole mis en œuvre ; *la serrurerie* commune, qui comprend toutes sortes de serrures et de cadenas ; la coutellerie commune et la coutellerie de table ; les outils de fer et d'acier ; la clouterie, la ferrure des bâtimens et celle des meubles, et généralement tout ce qui s'y rapporte.

FABRICANS DE QUINCAILLERIE ET COUTELLERIE.

Jos. Basson, r. de la Loire. C.
Bertholet, r. des Jardins.
Bonon, Aguillon, r. de la Loire.
Bourg et Cᵉ, r. Saint-Paul.
Bizaillon F. A. et Cᵉ, r. de Lyon C.
Bongy, r. de la Loire.
L. Bringuet, r. Mi-Carême.
Cave-Meyrieux, r. Tarantaise.
Chavanne-Descos, r. Roanelle. C.
P. Coignet, r. de Lyon.
J. Delermoy F. et Lamouroux, r. du Chambon, coutellerie.
Delobre, pl. Roanelle.
Dervieux-Costal, r. Sablière.
Descos F. A. pl. Chavanelle. C.
Dubreuil Fr., Prenat et Cᵉ, rue des Jardins.
Dupuy-Bonon, r. Polignais.
Durafour et Cᵉ, r. de la Loire.
Farge, r. de la Paix.
Faure-Barjon, r. du Puy.
Fontvieille, r. de Lyon.

Fore, Andrieu et Salles r. du Palais-de-Justice.
Vᵉ Gerin et fils, r. de Lyon.
Granger-Mérieux, p. Royale.
Guette, r. du Chambon.
Guillimin-Mérieux, p. Roanel.
Imbert, r. de la Croix.
J. Manaud, r. de la Paix.
J.-L. Melquiond, r. Mi-Carême.
Mérieux fils a., r. Saint-Louis.
Meyrieux-Bouissou, r. de Lyon.
Micolon-Roustain f. a., r. d. Fossés.
Moret aîné, r. de la Loire.
Moret cadet, r. de la Bourse.
Périat f. a. r. Tarantaise.
Plotton n. et Salichon a., rue Royale.
F. Prat aîné, r. des Jardins.
Prost-Dumarest, r. de la Charité.
Renaudier p. et f., r. Mi-Carême.
Réocreux-Renard, r. Polignais.
A. Trinquet f., r. de Lyon.

Very-Jourjon, r. de la Loire, *fabr. de scies et cuillères à pot.*

Fabricans de coutellerie.

C. Baroulier, r. de Lyon.
Bizaillon-Eustache, r. Tarantaise.
Bory, rue des Prêtres.
David-Faure, r. de Lyon.
Joanny, r. Valbenotte.
Meynard, rue de Lyon.
Pierre Fort, r. Violette.
Canel, au Chambon.

Maîtres couteliers.

Bellut, r. Neuve.
Houilleux, r. Saint-Louis.
Ledin, r. Froide.
Liotard, r. Saint-Pierre.

Fabricans de limes.

Durbize, r. de Lyon.
Egallon-Roche, r. Tarantaise.
Meyrieux, r. de Lyon.
Pinmartin, r. de Lyon.
Soudry et Cᵉ, r. Villebœuf.
Ap. Robin et Cᵉ, à Trablaine, fabric. de vis de lit et boulons.
Terrasson, Buisson, à la Badoulière.
P. Palle, Palle fr., au Chambon, fabr. de cloux, Barbier pl., Grenette ; Buisson, à Tardy ; à Firminy, Chenet, Gonon et Petit, Chalayer, Plotton, Chomier, Chavas, Gobert ; au Chambon, Couchoux, Cotta.

La grosse serrurerie se fabrique particulièrement à la Ricaima-rie, tandis que *la petite serrurerie* comprenant les cadenas et les serrures de malles, se confectionne à Saint-Bonnet-le-Château. Les *couteaux* de poche, dits *Eustaches Dubois*, à manche de corne ou de bois se fabriquent à Saint-Etienne et au Chambon.

FONDEURS EN FONTE ET CUIVRE.

Bernard, r. de Lyon.
Bernard fr., r. Saint-Jean.
Bernard, p. du Marché.
Blacet, p. Notre-Dame.
Blacet père, r. de Lyon.
Blansubet, r. de Roanne.
Cave, r. de la Loire.
Dervieux, r. Sablière.
Fournel, r. Valbenoîte. *Cuivre.*
Gallois, à la Monta.
Gidrol, r. Tarantaise.
J. Larderet, r. Valbenoîte. C.
A. Meyrieux, r. de Lyon.
Penel, r. Polignais.
Pomerol, r. du Jeu-de-l'Arc.
Sagnard-Parrayon, r. Roanne.
Sagnard, r. Tarantaise.
Satre, r. Tarantaise.
Sabot, r. des Ursules.
L. Sagnard-Merley, r. St-Roch.

On compte dans l'arrondissement 6 constructeurs de *machines à vapeur.*

MÉCANICIENS, FORGEURS ET CONSTRUCTEURS DE MACHINES

Audouard, Mortier, Reverchon.

FORGEURS, MÉCANIC. ET TOURNEURS SUR MÉTAUX.

Boivin, *r. d'Annonay.*
Buisson p. et f., *à Tardy.*
Chevalier, *r. de Lyon,*
Mathieu, *r. Saint-Roch.*
Mondon, *r. des Chappes.*
Reverchon, *pl. Chavanelle.*
Tourangeot, *r. des Moines.*
Rivoire, *r. Royale.*

Fabriq. d'enclumes et étaux.
Crouzet, r. de Lyon.
Malespine, r. Royale.
Martignier-Delobre, r. Tarantaise.
Meyrieux, r. de Lyon.
Reviron père, r. Saint-Jean.
Reviron F., rue Royale.
Rivoire, r. Royale.
Cl. Revolier, r. Royale.
C. Tivet, r. Polignais.

Ferreurs pour bâtimens.
Besse, r. des Francs-Maçons.
Dodin, grande rue du Treuil.
Duplay fr., r. Notre-Dame.
Duplay, r. Saint-André.
Gros, r. des Cavaliers.
Larchet, r. Tarantaise.
Protery, r. des Fossés.
Soucher, r. Saint-Jean.
Valenne fr., r. Saint-Jean.

La consommation *des fers* à St-Etienne, est considérable; on y emploie non-seulement une partie des fers fabriqués dans le pays, mais encore les fers qui proviennent des forges de la Franche-Comté, et de la Bourgogne.

MARCHANDS DE FER.

Brunon, r. Polignais.
G. Celle, r. de la Loire.
B. Chalandon, p. Roanelle.
Chenevier-Gillier, p. Roanelle.
Crouzet, r. de Lyon.
Dulac fils aîné, p. Boulevard.
P. Dussap, r. Roanelle.
Foréal, r. Roanelle.
A. Gillier, r. de la Ville.
Vᵉ Gillier, et fils, r. de Lyon.
Javelle, r. de la Ville.
J.-M. Robert, r. de Lyon.

FABRIQUE DE RUBANS DE L'ARRONDISSEMENT DE SAINT-ÉTIENNE. — ANNÉE 1836.

Des trois principales Manufactures de *Rubans de soie* qui existent en Europe, celles de Saint-Étienne en France, de Coventry en Angleterre, de Bâle en Suisse, la fabrique de Saint-Étienne est la plus importante. Elle emploie annuellement plus de 350,000 kilogrammes de soie, valant environ 28 millions de francs, et de 40 millions de francs. Deux conditions publiques des soies, deux *conseils de prud'hommes* bien organisés, environ vingt *teintureries* très-expérimentés; en grand nombre; quarante *teintureries très-expérimentés* et d'ouvrières très-habiles; dix *fabricans de peignes*, vingt-cinq *tisseurs*, des *dessinateurs* et des *faiseurs d'échantillons*, dont une grande partie travaille pour le Public; des *monteurs de métiers*; des *mécaniciens*, etc.

24,000 *métiers à tisser*, appartenant tous aux ouvriers, circonstance très-heureuse pour cette industrie, dont 18,000 à une seule pièce à la *basse-lisse*, dans un rayon de quelques lieues autour de Saint-Étienne; 450 métiers à une seule pièce à la *haute-lisse*, et 5,550 métiers à plusieurs pièces à la *barre*, dont près de la moitié a reçu l'application de la *mécanique* à la Jacquard et les *battans* à *procédés*, qui ont amélioré de cette fabrication, et dont une partie d'occupe sans cesse à améliorer son travail, s'élève à 27,000.

Environ 215 *fabricans de rubans*, et plus de 500 commis, en général très-instruits pour diriger les détails de la fabrication; des *commissionaires* pour l'achat des rubans, et enfin le voisinage de Lyon, un des plus grands centres de la fabrication des soieries unies et façonnées; tels sont les éléments que cette branche d'industrie possède sur les autres fabriques du même genre, et que l'on ne pourra jamais organiser nulle part.

Les rubans qui se fabriquent le plus généralement à Saint-Étienne sont : le ruban à gros-grain ou *Gordon*, en général destiné pour ceintures, cordons de voitures, décorations, etc.; le Gros de Naple, le *Taffetas*, le *Satin*, le *Gaze-marabou*, unis ou façonnés, de tous genres et de toutes largeurs; la plupart de ces rubans, surtout de ceux destinés pour la mode, sont ornés aujourd'hui de *franges-tirées*, sur les bords du ruban. Les rubans *Unis*, le *Taffetas Noir*; le *Gallon*; le *Bouloigne*, et tous les articles destinés pour garnir les chaussures; le *Passefin* ou *Faveur*; le Glacé ou *anglais*, et plusieurs autres articles de rubans unis ou façonnés à Saint-Étienne, de largeurs et couleurs, employés pour la *Chapellerie*, la mercerie, les gallons de chapeaux, de casquettes et d'église.

Les rubans pour *bretelles* et *jarretières*, les *Padous*, les *Ganses*, les *Cannelles*, les *Franges*, les *bordures de meubles*, et un grand nombre d'articles de rubans unis ou façonnés formés de soie, de fleuret, de coton, de lin, de laine, d'or, d'argent, ou de toutes autres matières pures ou mélangées, qu'il serait trop long d'énumérer ici.

Enfin les *Lacets* ordinaires et élastiques, plats, ronds et carrés; les *Cannetilles* et plusieurs genres de lacets ou tresses qui se fabriquent ordinairement à Saint-Étienne et à Saint-Chamond; un nombre d'environ 2,300, qui sont mis en mouvement par l'eau ou par la vapeur. Ces métiers fabriquent environ 175,000 aunes de lacets par jour. Le nombre des *fabricans* est de 15, et celui des ouvriers, de près de 1,000. Les produits de cette branche d'industrie s'élèvent annuellement à environ 2,000,000 de francs, dont près de la moitié représente la valeur de la matière première.

FABRICANS DE RUBANS A SAINT-ÉTIENNE.

(Ceux qui n'ont à la suite de leur nom aucune désignation, traitent plus spécialement le ruban façonné et les articles de nouveauté.)

André, Merlié, et c., rue de la Bourse, 69. U.F.
Arnaud, Giraud jeune, rue Saint-Louis, 6.
Ast. Avril fils, rue des Jardins, 50. Nom. Vel.
Baille et compagnie, place Royale, 27.
Balay aîné, rue Mi-Carême, 8. Unis. Façonnés.
Baby fils jeunes, r. Mi-Carême, 18. Satins. U.F.
Balcygner-Laroa, rue de la Loire, 18.
Balteydier, Soletiac, rue de Paris, 10.
Balteydier et compagnie, rue de Foy, 15.
Bartel, Deville, place de l'Hôtel-de-Ville, 38.
Cl. Barrallon, place de l'Hôtel-de-Ville, 37.
Ber. Barre-fils aîné, place de l'Hôtel-de-Ville, 33.
Michel Barre, place Marengo, 13.
P. Baneyroul, r. Mi-Carême, 30. Unis.
Beraud, Bourgand et c., place Marengo, 5.
C. Bernad, Rivel, rue du Treuil, 13.
Berger-Françon et c., rue de Foy, 15. Condors.
Berthollet frères, rue Mi-Carême, 10. U.F.
Berthon-Jacod, g. rue du Treuil, 18.
Bethuod, rue de Paris, 89.
P. Bizaillon et c., r. de la Croix, 10. Con. U.N.
Bizaillon-Pilot, p. de l'Hôtel-de-Ville, 37. U.F.
J.-A. Bizaillon et Chalayer, gr. rue du Treuil, 13. U. Façonnés.
V. Bisson, pl. Hôtel-de-Ville, 35. Satrons.
Conbaud ou montures, et Bauteilles élast.
Bonafuel, Chapelon, p. de l'Hôtel-de-Ville, 33.
Bonlin-Thevenet, p. de l'Hôtel-de-Ville, 37. U.F.
Bourgand, Peyret, Escoffier, p. de l'Hôtel-de-Ville, 36.
Boyer, rue du Treuil, 88. Velours.
Brévon, Janet et c., rue de la Loire, 2.
Brioude cousins, rue Royale, 6.
I.-M. Bressy, rue Gérentet, 27.
Brouillet, Chambovet, rue du Marché, 2.
Brunon et compagnie, rue de la Loire, 15.
Carrière et Peyron fils, Grande-Rue, 4.
Carrière Pollard et Satre, rue des Jardins, 21.
L. Catelan, place..., rue Saint-Louis, 25.
Catelau frères, rue de Paris, 4. Nom. Façonnés.
Cassiner et c., place de l'Hôtel-de-Ville, 43.
P. Chaise, rue du Marché, 4.
Chalayen-Boulhol, rue de la Paix, 11. Nom.
Chapelon fils aîné, rue Villedieu, 6. Velours.

Charrat, place Royale, 15. Unis. Façonnés.
Cholat fils, rue des Jardins, 6.
Clot, Labatie, place de l'Hôtel-de-Ville, 38.
Clapeyron, Pared, rue Royale, 1.
Colard aîné, Thiollier, place du Marché, 1.
Fr. Colcombet et c., rue de Paix, 14.
A. Colcombet et c., rue Neuve, 3. U. Façonnés.
Colomal, rue Mi-Carême, 13.
R. Coste, rue Royale, 35.
Côte-Mosier, rue de Ville, 31. Velours. Nom.
Goupa, rue de la Loire, 8.
Coutanson-Dubreul, r. de la Comédie, 12. Sat.
Cussinel neveu et fils, rue Saint-Louis, 8.
Dagcève, Matricon, rue Sainte-Catherine, 8.
J.-B. David, rue de la Bourse, 48. Vel. Nom.
David fils, r. de la Croix, 49. U. Canvellerie.
Décline, rue de la Loire, 38. Nom. Canvellerie.
Délage et J.-Albert, rue de la Loire, 35. U.F.
Dubrad aîné, rue Gérentet, 23. U. Façonnés.
Jourdain, rue Saint-Louis, 8.
Dumairel, Dejussieu, p. Hôtel-de-Ville, 38. C.
A. Dumarest et c., r. Saint-Louis, 19. Condors.
Lambert, Bosson, rue de la Loire, 15.
Joseph Dumarest, rue Royale, 8. Unis.
Duplay Beneyrond, r. Sainte-Catherine, 8. U.F.
Duplay-Balay, rue de Foy, 46. U. Façonnés.
J.-P. Duraud, place Royale, 10.
Durand-Mourgues et c., r. du Chambon, 5. U.F.
Duricu, Peud, rue Royale, 31. Canvellerie.
Epinaton aîné, rue de la Bourse, 73. U.F.
Epinaton-Lavau, rue de la Loire, 6.
Faucoux, rue Mi-Carême, 24. Unis. Art. Suisse.
Faure frères, place Marengo, 15.
J.-P. Faure et compagnie, rue de la Paix, 8.
Faure Blachon, rue de Lyon, 40. N. Cravel.
Faure-Lacvaze, place Chavanelle, 21. N.V.
Fesny aîné, rue de la Bourse, 47. U.F.
Feral père et fils, rue de la Bourse, 78. N.V.
J.-P. Margue, rue des Jardins, 16.
V. Nicolas di fils, place de l'Hôtel-de-Ville, 39.
B. Gachet et c., rue de la Loire, 10. Unis.
P. Guguière, rue Saint-Pierre, 11. U.F.
Aimé Garaud, rue Royale, 4.

J. Garaud-Lardéret, rue Saint-Louis, 35. Nom.
Joseph Giraud, rue du Fossé, 10. Unis.
Girinon, Allouad, rue de la Bourse, 94. Unis.
Girodet jeune, rue Royale, 6.
E. Goin, rue du Lyon, 60. Velours.
Goni et compagnie, rue Gérentet, 25.
Gono-Deville et J.-B.-D.-F., rue Neuve, 3. U. Façonnés, 56.
Condors, Satins, Canvellerie et Façonnés de tous genres.
Gonon, Boycotte, rue de la Croix, 11.
Rob. Gouilland, rue de la Croix, 10. Nom.
L. Grandjaesse et c., rue de Foy, 13. U.F.
Guillaume, Prudon, rue de Foy, 44. Crapel.
U. Guiunul et c., rue Mi-Carême, 21. Unis.
Henrier, rue de la Paix, 25. Nom. Bretelles.
P. Bugnet, Chalayer, place Chavanelle, 37. U.N.
Janvier, Pouivialle, rue de la Loire, 5.
Jourd et c., rue de Foy, 44. Crapel.
Lanthenne-Thivet, rue Rozaelle, 3. Unis.
J.-C. Peyrot, Genin, rue de la Bourse, 63. U.F.
J.-M. Philip.
Piutiol-Montauy, rue de la Croix, 26. Velours.
Piutton-Corton, rue du Chambon, 5.
Preyzat fils aîné, rue Royale, 4. Crav. U.F.
M. Preynal, rue Royale, 6. N. Canvellerie.
J.-B. Rabéit et compagnie, rue de Foy, 46.
Icauauier père et fils, rue Mi-Carême, 63. U.F.
Renoux et Granjon, rue de Foy, 40.
Richarme et Ravaisse, rue des Jardins, 7.
A. Rivoiron et compagnie, rue de la Bourse, 45.
Lardon frères, rue de la Loire, 15.
Lapierre et c., rue de la Bourse, 68.
Lardéret père et fils, rue du Chambon, 1. N.U.
Liogier aîné, rue de la Croix, 24. Velours.
Linger-Jourjon, p. Hôtel-de-Ville, 36 N.U.V.
Maisonneuve, rue Sainte-Catherine, 8.
Fr. Margot, rue de la Paix, 14.
Martin et c., rue de la Bourse, 63.
Massardier-Martin, rue des Jardins, 7. Nom.
Maurin, Martin, rue de la Bourse, 45.
B. Méjnssou, rue Saint-Louis, 32.
M. Méxieu, rue de la Comédie, 43.
Mesnager fr., rue de Foy, 40. Unis. Art. Suisse.
J. Roche, rue Gérentet, 25. U. Façonnés.
V. Ronat et c., place de l'Hôtel-de-Ville, 39.
J.-L. Royet neveu, rue de la Loire, 3.
Salomon, rue de Paris, 6. Nom.
Sardo, place Saint-Charles, 15. Velours.
Savoye et Revel, rue de Foy, 46.
Fr. Saulérisars, rue de la Loire, 20.
Serpoud, place de l'Hôtel-de-Ville, 41.
Tabert et c., rue de la Loire, 20. Nom.
Tannet frères, rue Royale, 31. V. Canvellerie.
Teuznas-Balay, Grande-Rue, 31.
Aug. Teuznas, rue de la Paix, 8.

Thezenas frères, rue des Jardins, 11.
Gust. Thiollière, rue Neuve, 34.
Thiollière fr., place Hôtel-de-Ville, 30. U. Fav.
Valentin et compagnie, rue de la Loire, 5. Unis.
Valette-Malbert, rue de la Bourse, 82. N.U.
J.-B. Valette, rue Mi-Carême, 10.
M. Valette et compagnie, rue du Chambon, 7.
G. Varenne et compagnie, rue Royale, 4.
Vocansen et c., place Marengo, 13.
Verney-Giron, gr. rue du Treuil, 96. Velours.
Valleton fils aîné, pl. Hôtel-de-Ville, 37. Unis.
Vignat-Chovet, rue du Chambon, 16. G.F.
J. Vionte, rue des Gris, 13. Velours.

FABRICANS DE TISSUS ÉLASTIQUES.
Gonon-Deville, J.-B.-D.-F., rue Royale, 56.
Nicolon et Couchoux, rue de Foy, 3.
Auzias jeune, rue Palais-de-Justice, 11.

FABRICANS DE LACETS.
Madame Descours, rue Saint-André.
Doguet père et fils, pri. rue du Chambon, 2.
Ar. Mallon, rue de la Bourse, 84.
  Les Fabricans de rubans et de lacets de Saint-Chamond se trouvent à la page 82 de l'indicateur de Saint-Étienne.

COMMISSIONAIRES ACHETEURS POUR RUBANS.
Adolphe Lax, place de l'Hôtel-de-Ville, 41.
Blancon, rue des Jardins, 11.
Dean-Sedgwich et Powel, pl. Hôtel-de-Ville, 4.
Didier-Costal, rue de la Paix, 4.
Dufour frères, place de l'Hôtel-de-Ville, 33.
Edwin, J. Ellis, rue de Paris, 4.
V. Girerd et c., place de l'Hôtel-de-Ville, 28.
Guichard-Forest, place Hôtel-de-Ville, 28.
V. Leclère fils, rue Gérentet, 29.
V. Peyret et Labarthe, rue de la Bourse, 84.
V. Pallard, rue des Jardins, 8.
V. Platzmann, place de l'Hôtel-de-Ville, 43.
Raclne, Chicon et Faure, pl. Hôtel-de-Ville, 35.

Éditeur de la Revue monumentale de l'arrondissement, et de l'Indicateur de St-Étienne.
Le dépôt a été confectionné à la loi.

La *fabrique de rubans* de Saint-Étienne et de Saint-Chamond est la première du monde ; elle fournit à elle seule une grande partie de ce qui se fabrique en Europe. Elle emploie annuellement plus de 350,000 kil. de soie ; ses produits manufacturés s'élèvent à près de 40 millions de francs, et elle occupe environ 27,000 ouvriers des deux sexes.

On ne connaît point précisément l'époque de l'établissement de la fabrique de rubans dans l'arrondissement de Saint-Étienne. Il est probable qu'elle ne remonte pas au-delà du milieu du XVIe siècle. Alors, cette industrie n'avait aucune importance, et ne consistait que dans quelques rubans faits sans beaucoup de préparations, simplement à la main, sur des métiers peu compliqués.

Diverses circonstances locales sembleraient avoir dû repousser de la ville de Saint-Étienne une fabrication aussi délicate que celle des rubans : la fumée épaisse que produit la grande consommation de houille dans les fabriques d'armes et de quincaillerie, aurait dû éloigner de cette ville le siège d'une industrie, dont les produits peuvent si facilement être altérés par le plus léger accident. Cependant il n'en a pas été ainsi. Soutenue par le génie et par l'activité des fabricans, cette branche d'industrie a surmonté tous les obstacles ; elle a pris un si grand développement, qu'elle est devenue en quelques années, et surtout depuis l'introduction des métiers mécaniques à la barre, une des principales sources de la prospérité du pays.

Cette heureuse importation fut due à MM. *Dugas* de Saint-Chamond, qui, vers l'an 1750, essayèrent de fabriquer plusieurs pièces de rubans à la fois, au moyen de métiers à la barre, qu'ils avaient fait venir de la Suisse, avec les ouvriers nécessaires. Cette entreprise échoua, et ils renoncèrent pour le moment à faire usage de ces métiers. Vers l'an 1752, M. *Lacour*, de Saint-Étienne, introduisit en France, et fit apporter à Saint-Étienne, un métier de 24 pièces qu'il ne put parvenir à faire travailler. En 1754, MM. Dugas firent une seconde tentative, et les ouvriers qu'ils se procurèrent ne tardèrent pas à mettre plusieurs de leurs premiers métiers en état de fabriquer les rubans unis.

Vers l'an 1758, M. *Lacour* amena de la Suisse *Frédéric Aouser*, qui établit à Saint-Étienne une fabrique de trois métiers auxquels il apporta successivement divers perfectionnemens. La prime de 72 francs accordée par le gouvernement, jointe à l'avantage que procurait la fabrication des rubans au moyen de ces métiers, encouragea plusieurs fabricans de St-Étienne, qui ne tardèrent pas à entrer dans la voie des perfectionnemens déjà obtenus. Depuis 1770, les améliorations apportées chaque jour dans la construction des métiers à la barre, ont permis l'exécution du ruban façonné, d'abord au moyen des tambours, et plus tard par l'application de la mécanique à la *Jacquart*, qui a opéré une grande révolution dans la fabrication des rubans façonnés.

Depuis 1820, les fabricans et les ouvriers ont encore perfectionné la fabrication des rubans de tous genres. Parmi un grand nombre d'inventions qui ont été mises au jour depuis cette époque, on remarque le ruban-gaze *marabou* inventé par P. *Bancel*, les divers procédés de battant à scie de *Reverchon* et de *Boivin*, et ceux à échappement ou à crochet de *Preynat*, *Pergier*, *Burgein* et *Mortier*, etc., qui ont remplacé avec beaucoup d'avantage le chasse-navette des anciens battans à clin ; le battant-brocheur à plusieurs navettes, de *Peyre*, *Padel*, *Vinoy*, etc., et celui à deux navettes de *H. Royet*, donnant en même temps le coup de fond et le coup de broché; comme aussi le procédé de *Mercoiret*, qui permet de battre le ruban à pas ouvert.

D'autres perfectionnemens ont été apportés dans la fabrication des rubans façonnés à jour, au moyen des lisses anglaises, par *Degraix ;* des velours façonnés, à la Jacquart et des lacets, par *Doguet ;* et des étoffes velours peluche, par *Peyre*.

Les *soies* qui se consomment dans la fabrique de rubans, proviennent en grande partie du Vivarais et du midi de la France. Les *soies étrangères* entrent pour environ un tiers dans la consommation. Les *mouliniers* envoient en consignation leurs ballots aux *commissionnaires* de Saint-Etienne pour en opérer la vente.

Commiss. marchands de soie.
Balay-David, pl. Hôtel-de-Ville.
P. Bony, r. de la Loire.
Couraly j. et V. Paillon, r. de la Loire.
Deprandière et c., r. du Chambon.
Durand-Badel, r. de la Bourse.
Fauvain, Ruffieux et Robin, id.
M. Flottard, r. de la Loire.
Fromage et Palluat, r. du Marché.
Vᵉ Guérin f. et c., r. de Foy.
Jamin fr., r. de la Bourse.
Laprunière f., r. des Jardins.
Pagat, Paradis, r. de la Loire.
Royet Sauvignet jeune, r. de la Loire.

Pour reconnaître le *titre* et la pesanteur spécifique de la soie, on la soumet à une *épreuve* au moyen d'un guindre d'une aune de circonférence, qui reçoit 400 tours de la soie que l'on veut essayer. Le *titre de la soie* est indiqué en deniers, par le nombre de grains que pèse chaque petite flotte.

Epreuves des soies. Vᵉ Bréron, Jamet, Michel-Javelle, veuve Preynat.

CONDITION PUBLIQUE DES SOIES.

Les soies dont la vente est effectuée, sont ordinairement envoyées à la *condition publique*, qui a été créée pour enlever l'excès d'humidité qu'elles auraient pu contracter pendant leur séjour dans des lieux humides, et les ramener à leur pesanteur naturelle. C'est un moyen de contrôle pour la sûreté de l'acheteur et du vendeur. Chaque ballot, après avoir reçu une inscription particulière de son poids, est étendu pendant 24 heures dans une *cayo* numérotée et scellée devant les parties intéressées, et l'on a soin, pendant tout ce temps, d'entretenir dans ce lieu un degré de chaleur déterminé. En 1833, il a été mis 3,462 ballots en condition.

MM. Lardon, *directeur*, Protière, Verrier, *employés*.

Après son entrée dans les magasins du fabricant, la soie est *pantumée* (mise en flottes) et remise aux *teinturiers*, qui lui donnent les couleurs et les nuances demandées par les fabricans. Le plus grand nombre des ateliers de teinture sont situés dans les environs de Saint-Etienne.

Teinturiers pour soie et laine.
Bayon fr., r. Saiut-André.
Blaise-Chevallet, à Valbenoîte.
Bourdin , au Rez.
Bron et Dechez, à Valfuret.
Brunel, à la Rivière.
Carlat p. et f., pl. du Marché.
J. Chevallet, à Valbenoîte.
Colomban neveu, r. St-Louis.
David et c., aux Trois-Meules.
Durand, Milland, à Saint-Just.
Chilier et Fourt, à la Rivière.
Font, à Valbenoîte.
Frachon, au Bas-Verney.
Giraud *toint. pour rubans*, aux
 Rives.
Grubis, au Bas-Verney.

Jourjon, garde , à la Badoulière.
Journoux, au Bas-Verney.
Renard, Farge, Brunier, au Bois
 Noir.
Mallet fr., aux Rives.
Morel, aux Rives.
Paret fils aîné, aux Rives.
Paret cadet, à la Sauvanière.
Proal jeune, à la Michalière.
Rabery, r. Saint-Louis.
Jérôme Rabery, r. St-Jean. L.
Rigot et Frecon, à la Valette.
Subrun , au Bas-Verney.
Vᵉ Troulliet et c., à l'Ecluse.
Troyet, au Sablier.
Vinant et Champin, à Valfuret.
Vignal, r. d'Annonay.

Aussitôt sa rentrée de la teinture, la soie destinée à former la *chaîne* des rubans est envoyée au *dévidage*, qui a pour but de transporter chaque brin du fil de soie sur une *bobine*. Cette opération se fait en général au moyen de *grands rouets de 16 guindres.* La soie destinée à former *la trame* des rubans, est remise le plus souvent à l'ouvrier tisseur, qui en fait exécuter le dévidage à ses frais par les dévideuses.

Après le dévidage, la soie destinée à former la chaîne ou la trame des *rubans gaze marabou*, est remise au moulinier, qui lui donne un apprêt très-fort.

Mouliniers, à Saint-Etienne et au Trouil. Andravy, Mayer. Galimard, Garnier, Monier, Sagnol. *A la Badoulière.* Défu , Rispal, *A Valbenoîte.* Bongrand, Couturier, Dufour, Garand, Fontvieille, Michel, Peyro, Raymond, R. Rispal, C. Rispal, Salichon, Vernay.

On compte à Saint-Chamond et à Saint-Paul-en-Jarret, près de 60 usines, ou moulins pour la soie marabou, dont l'ouvraison est payée de 5 à 6 fr. le kil.

En général, *l'ourdissage* est fait à journée dans des ateliers et sous les yeux du fabricant. Cette opération a pour but d'assembler, et de disposer tous les fils dont une chaîne doit être composée ; les étendre sur *l'ourdissoir* fils par fils, simples, doubles ou triples, sans les mêler, leur donner à tous une longueur et une tension uniformes.

Les *mises en carte* destinées aux métiers de Jacquart, sont faites en grande partie par des dessinateurs qui travaillent pour toutes les fabriques.

Le *lisage* est l'art de transporter sur des cartons un dessin propre à être mis sur le métier de Jacquart. Cet art consiste en deux opérations bien distinctes. La première est le lisage sur les cordes : la machine employée, représente un corps d'arcades sans fin, venant faire jouer un corps d'épinglettes, semblable à celui de la mécanique à la Jacquart. La seconde partie est le transport des emporte-pièces correspondans aux épinglettes, sur la plaque sur laquelle s'opère le *piquage* des cartons. On compte à Saint-Etienne 50 lisages en 400, 600 et 900 cordes.

Liseurs de dessins.	
F. Belloti, r. de Lodi.	Fagot, pl. de l'Hôtel-de-Ville.
J. B. Belloti, pl. Hôtel-de-Ville.	Giraud, rue Royale.
Bellouse, pl. Marengo.	Gonon, r. de la Croix.
Biouse, r. de la Bourse.	Lafond, r. de la Bourse.
Brun, r. Saint-Jean.	Luminet-Vial, r. de la Paix.
J. Colard, r. de la Bourse.	Mornieux, r. de la Bourse.
Charles, r. de la Paix.	Palet et Gravet, r. N. Boucheries.
Dauteroche, r. de la Paix.	Peyronnet, r. Tarantaise.
Faure, r. Sainte-Catherine.	Peyron et Oudin, r. de l'Ile.
	Roche, r. de Lodi.

Chaque fabricant de rubans façonnés a ordinairement chez lui des *métiers d'échantillons*, de basse-lisse et de Jacquart à une seule pièce, sur lesquels il fait exécuter des rubans, dont il soumet les échantillons aux acheteurs. Il y a aussi des ouvriers qui s'occupent exclusivement chez eux de la confection des échantillons qui leur sont commandés.

La plus grande partie des *peignes* employés pour la fabrication des rubans est faite dans les ateliers de Saint-Etienne.

Fabr. de peignes p. rubans.	
Bonnand fils, r. Saint-Jean.	Grivel, r. Saint-André.
Chenet, r. Saint-Louis.	Louison, pl. Notre-Dame.
Court, r. d'Annonay.	Pergier, r. de la Mulatière.
	Robin, r. de l'Ile.

Les métiers à la barre, surtout ceux destinés à la fabrication des rubans façonnés, emploient une grande quantité de *maillons*, de *fuseaux* de verre, et de *lissos* en fil, confectionnés par des personnes qui ont des ateliers dans la ville.

Marchands. Chrétien, r. Royale.	Vercherat, r. Neuve.
Dominiq. Forest, r. de la Croix.	Morel, r. Neuve.

Après avoir été ourdies, et pliées sur de très-grosses bobines appelées *billots*, les *chaînes* des rubans sont remises aux *ouvriers tisseurs*.

Les rubans se fabriquent sur trois genres de métiers bien distincts, savoir : ceux à une seule pièce à la main, à la *basse-lisse* que la modicité de leur prix d'achat, et la simplicité de leur mécanisme a mis à la portée des habitans des campagnes; ce métier ne peut servir qu'à la fabrication des *rubans unis*, ou à dispositions ou petits sujets, dont l'exécution est très-facile. Le nombre de ces métiers est d'environ 18,000. Des *commis* attachés aux maisons de St-Etienne et de Saint-Chamond, parcourent à cheval les villages : ils remettent la *chaîne* et la *trame* des rubans aux ouvrières, et rapportent les pièces fabriquées. Les personnes qui se livrent à ce genre de fabrication, occupées une partie de l'année à la culture des terres, ne sont pas dénuées de moyens d'existence, quand les travaux de la fabrique de rubans sont arrêtés.

Le deuxième genre de métier est celui de *haute-lisse*, à une seule pièce à la main. Le fabricant et l'ouvrier tiraient autrefois un grand parti du mécanisme de ce métier, qui leur permettait d'obtenir des dessins et des armures très-compliqués : ce genre de fabrication est concentré dans les deux villes de *Saint-Chamond* et de *St-Didier ;* encore est-il vrai de dire qu'on y emploie aujourd'hui beaucoup moins ce genre de métier, depuis que l'on a reconnu les avantages de la *mécanique à la Jacquard*, appliquée aux métiers à une ou plusieurs pièces à la main et à la barre. Le nombre de ces métiers qui décroît chaque année est dans ce moment d'environ 450.

Le troisième genre de métiers qui est celui à plusieurs pièces, dit à la *Zurikoise*, constitue la partie mécanique la plus importante et la plus active de la fabrique de rubans. Le plus grand nombre de ces métiers se trouve à Saint-Etienne ou à peu de distance de la ville. Ils sont aussi appelés *métiers à la barre*, parce que le travail s'effectue au moyen d'une longue barre de bois que l'ouvrier tient dans ses mains, et avec laquelle il imprime le mouvement aux diverses parties du métier qui opèrent le tissage.

Les métiers à la barre, employés par la fabrique de rubans de l'arrondissement de Saint-Etienne, s'élèvent au nombre d'environ 5,500 ; le nombre de pièces de rubans que fabrique chaque métier est toujours proportionné à la largeur du ruban ; ils peuvent être répartis ainsi qu'il suit :

Nomb. de métiers.	Genres du trav.	Nomb. de pièces.	Prix.	Nomb. tot. de pièc.
200	Velours doubles pièces.	30	1,000	6,000
800	Taff. gallons noir.	26	400	20,800
1,500	Taff. et satins unis.	20	500	30,000
500	Fac. et gaze à tambour.	14	800	7,000
2,500	Jacquard.	12	1,200	30,000

Ces 5,500 métiers représentent le travail de près de 100 mille métiers à une seule pièce à la main. Chaque métier met environ un mois, pour tisser un *chargement*, c'est-à-dire l'assortiment de pièces d'un métier. La longueur de la *chaîne* remise toute préparée par le fabricant, varie de 6, 8 à 12 douzaines d'aunes.

Constructeurs de métiers à la barre. Abrial, Burgein, Fraisse.

Méc. constr. de battans. Boivin, Hugon, Sablière, Reverchon.

L'*émouchetage* et le *découpage* des rubans, qui ont pour but de faire disparaître tout ce qui est dans le cas de nuire à l'effet du tissu, sont exécutés dans la ville de Saint-Etienne et dans ses environs par des femmes.

APPRÊT DES RUBANS. — Quelques rubans, au sortir du métier, ne présentent point encore cet éclat qui peut en favoriser la vente ; ils exigent une dernière opération appelée *cylindrage* ou *apprêt*, qui a pour but, de replacer dans une position naturelle, tous les fils de chaîne ou de trame qui ont pu être dérangés par le travail, et de les fixer par des moyens, qui leur donnent de la consistance, et en font disparaître les imperfections et les défauts. Sans cette préparation, grand nombre de rubans ne pourraient être émis dans le commerce.

Le *cylindrage*, le *moirage* au cylindre et à la presse, le *gauffrage*, et l'*impression* au moyen de planches et de rouleaux, s'exécutent dans des ateliers particuliers.

Abréal, pl. Royale. *Moireur*.	A. Mazenod, r. Neuve.
B. Baroulier, r. de Roanne.	Meynard, r. de Paris.
L. Bonnand, r. des Jardins.	Moulard, r. Saint-André.
Bonnand-Bizaillon, r. de la Paix.	Mortier, pl. Marengo.
Brazier-Bert, r. de la Paix.	Mourguet-Robin, r. de Lyon.
Cessier, r. de la Loire.	Maliard, Drutel, r. de la Loire.
Chavanne, pl. de l'Hôt.-de-Ville.	Nadaud-Ravel, r. Saint-Jean.
Clémaron, r. Neuve.	Ch. Paret, r. Valbenoîte.
Colard fr., r. de la Paix.	Cl. Pascal, pl. Hôtel-de-Ville.
Condamin-Bonnefoi, r. du Treuil.	Pomerol, r. de la Vierge. *Calend.*
Didier, r. Sainte-Catherine.	Pressat, r. de la Bourse.
Espercieux, r. du Chambon.	Robin neveu, pl. Hôtel-de-Ville.
Frécon, r. de Lyon.	Robin oncle, r. de Lille.
Fulchiron, r. de la Loire.	Roche et Treille, r. de la Bourse.
Ferebeuf, r. de Lille.	Rozet, r. Mi-Carême. *Gauffr.*
Jolivet, r. du Grand-Moulin.	Sagnol, r. des Jardins.
Léglise, r. de la Loire.	Valette, r. du Treuil.

Les rubans sont aunés, puis pliés avec soin sur des rouleaux de bois ou de carton ; ils sont ensuite renfermés dans des boîtes ou cartons, qui contiennent un certain nombre de pièces.

Les fabricans et les commissionnaires, expédient ordinairement de Saint-Etienne, les rubans qui leur ont été commandés par des commissionnaires français ou étrangers résidant à Lyon, à Paris et dans les principales villes de la France et de l'étranger. Le commerce aurait besoin d'un établissement de plombage pour les marchandises expédiées à l'étranger.

Commissionnaires pour rubans.	V. Girerd et c., pl. Hôt. de-Ville.
Blancon, r. de la Bourse.	Memo, r. de Foy.
Coussou, r. Praire.	Peyret-Labarthe, r. de la Bourse.
Didier-Costal, r. de la Loire.	Paliard, Bertholon, r. des Jardins.
Durand et c., r. royale.	Racine, Delavelle, pl. Hôt-de-V.

Fabrique de rubans de Saint Chamond.

Avant 1790, on comptait à Saint-Chamond plus de 800 métiers de *haute-lisse*, employés au tissage des rubans façonnés et brochés or et argent ; il ne reste plus maintenant que quelques métiers de ce genre ; les autres ont été détruits, ou remplacés par les métiers à la main, à la *Jacquard*, à une ou pl. pièces et à la barre.

Fabric. de rubans unis et faç. de tous genres, à St-Chamond.

Bancel et comp.	P. M. Delermoy.	Magnin p. et f.
Bonnard-Jacquin.	Delermoy f. a.	Malval-Bajard.
G. B. Souchon et c.	Dugas fr. et c.	Vᵉ Roux. *Gallons.*
Coste et comp.	Goutorbe, Roux et c.	Fulchiron et Rondil.
David-Dubouchet.	Grangier fr.	J. Rozet.
Degraix.	Granjon-Bertholon.	G. Servanton et c.
Dubouchet père.	Granjon, Valentin c.	A. Simonnet. *Gallons*

Lacets. Gillier, H. Charrin, H. G. et c.; Michel-Colombet, Moturon, They. Roux, Richard-Chamboyet, etc., Revol.

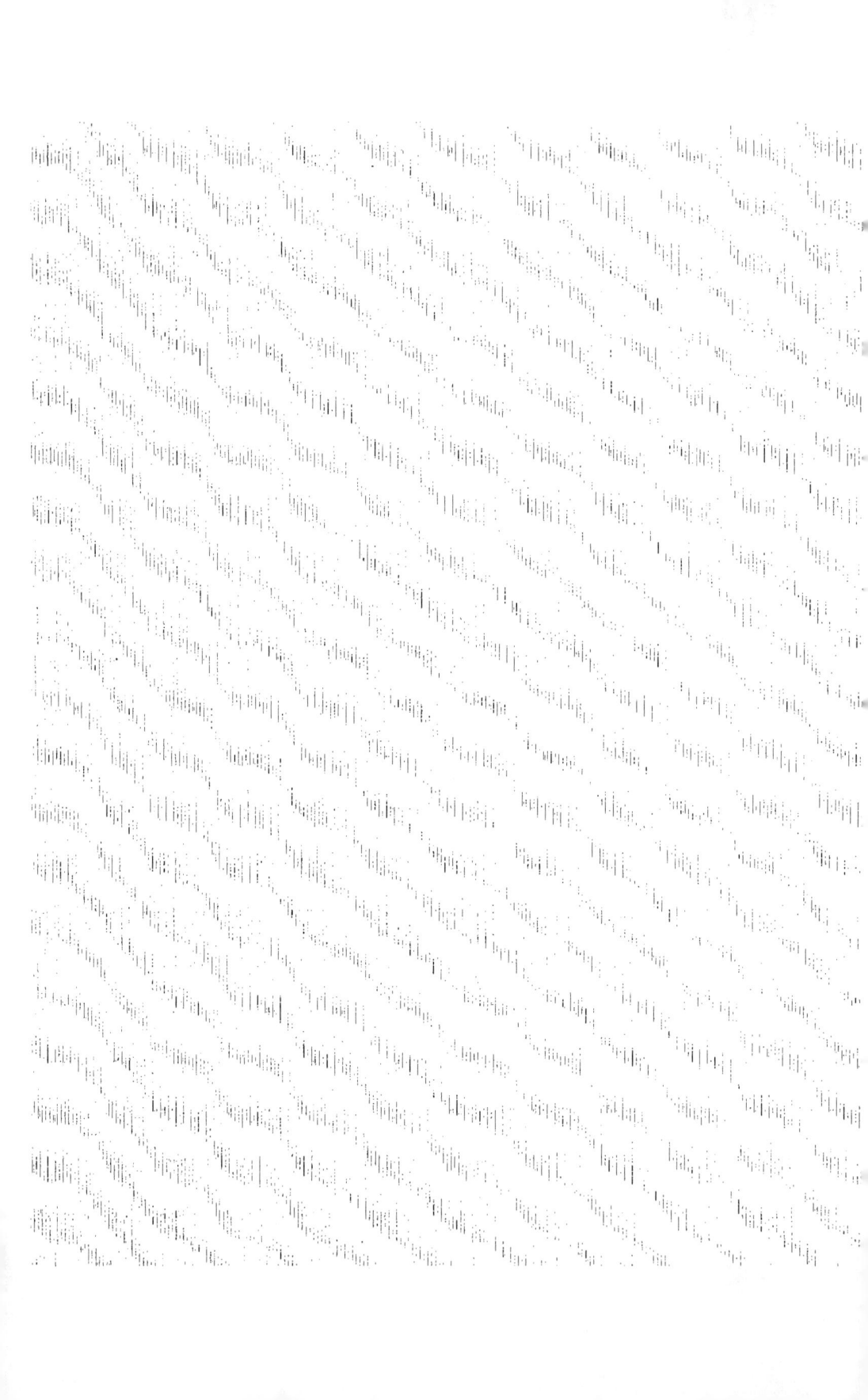

CARTE DE L'ARRONDISSEMENT DE S.ᵗ ETIENNE,
Dépᵗ de la Loire.

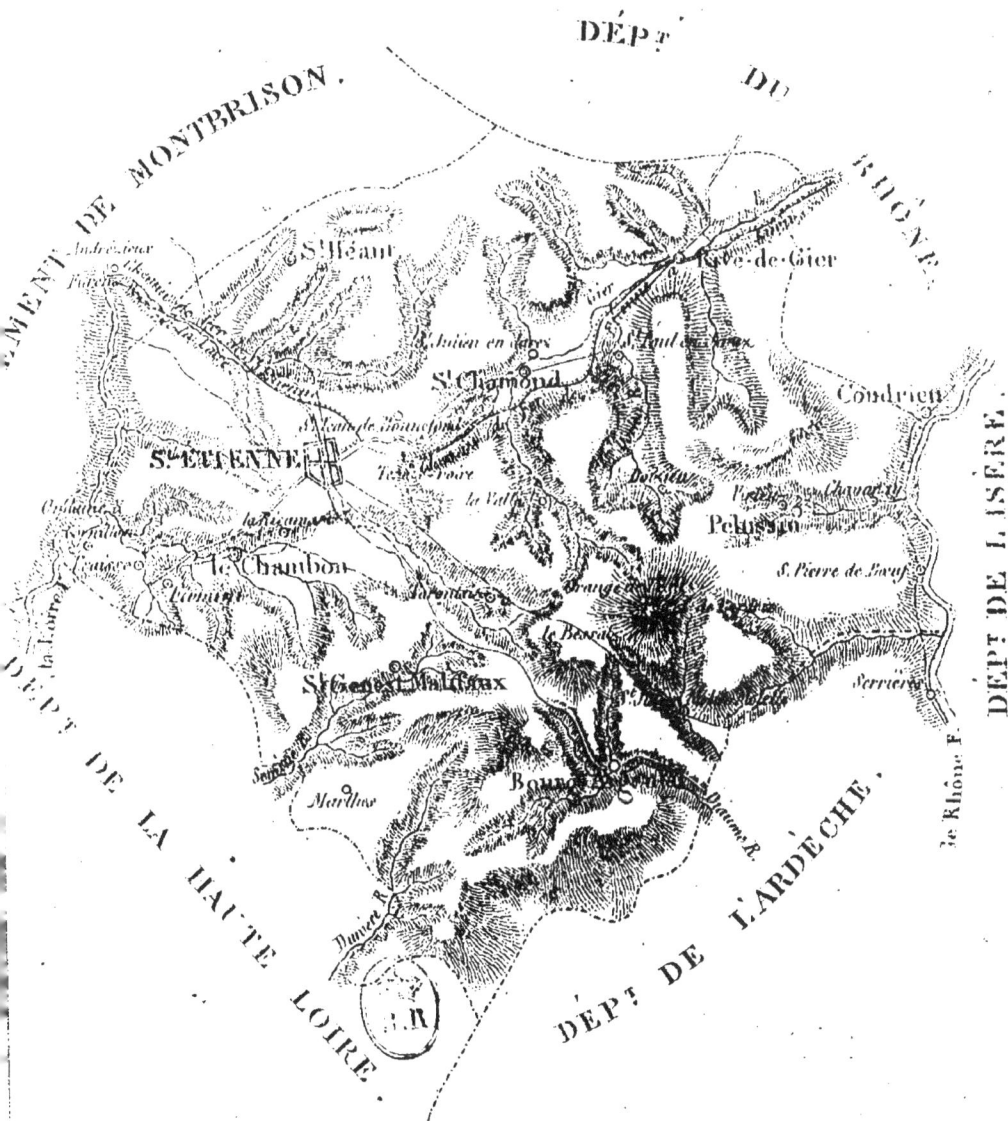

DÉPᵗ DU RHÔNE.

ENT DE MONTBRISON.

DÉPᵗ DE LA HAUTE LOIRE.

DÉPᵗ DE L'ARDÈCHE.

DÉPᵗ DE L'ISÈRE.

le Rhône F.

S.ᵗ Héant
Rive-de-Gier
Condrieu
Chien en Jarz
S.ᵗ Chamond
St Pault en Jarez
S.ᵗ ETIENNE
Pelussin
S. Pierre de Bœuf
le Chambon
Furan
Serrieres
St Genest Malifaux
Bourg
Marlhes

Myriamètres.
1   2

Lieues communes de France.
1   2   3   4   5

PREMIÈRE PARTIE

Assurances contre l'incendie. Agens génér. pour l'arrondissem.
Assurances générales. Grubis, rue de Paris.
Comp. du Phénix. Jourjon-Gouttenoire, rue de la Bourse.
Compagnie royale. Michel-Javelle, rue de Foy.
Compagnie de l'Union. Ruffieux, rue Sainte-Catherine.
Agent d'affaires contentieuses, administratives et commerciales.
Locard-Denoël, expert près les tribunaux. — Fine, ag. *d'affaires.*

CERCLES, SALONS LITTÉRAIRES, JOURNAUX, LIBRAIRES.

Le cercle du Commerce, rue de Foy, 46, est tenu par Monnier,
celui des *Arts et du Commerce*, r. de Foy, 44, par Th. Merazzi.
Salons littéraires pour la lecture des journaux. Janin, rue de
Foy, 52, Mlle Radisson, rue de la Loire, 2.
JOURNAUX. Le *Mercure Ségusien*, journal politique, paraît les
jeudis et dimanches. *Janin*, propriétaire, rue de Foy, 52.
L'*Indicateur Stéphanois*, journal littéraire et commercial parais-
sant le dimanche. *Pichon*, propriétaire, place de l'Hôtel-de-Ville.
Écrits et publications diverses. Bulletin de la Société indus-
trielle de Saint-Étienne, publié tous les mois par la Société.
La Revue de Saint Etienne, 1834, *Janin et Gonin*, éditeurs.
Revue industrielle de l'arrondissement de Saint-Étienne, pu-
bliée tous les ans par *Ph. Hedde.*
L'*Indicateur du Commerce*, des arts et des manufactures de St-
Etienne, avec le *plan de la ville*, et la *carte de l'arrondissement*
de Saint-Etienne, publié tous les ans par *Ph. Hedde.*
Mémoire sur la topographie extérieure et souterraine du terra'n
houiller de Saint-Etienne, 1817, par *Beaunier.*
Voyage industriel en Angleterre, en 1833, par *Alph. Peyret.*
Situation du chemin de fer de Lyon, par *Alph. Peyret.*
Instructions sur les caisses d'épargne, par *J. Soviche.*
Conseils sur les moyens de se préserver du choléra, par *J. So-
viche.*
Aperçu sur l'état de la civilisation en France, par *Smith.*
Aperçu sur l'état de l'astronomie, par *Isid. Hedde.*
Essai sur la composition d'un nouvel alphabet, par *S. Faure.*
Notice sur le cabinet de M. d'Allard, par *Ph. Hedde.*

Journaux et ouvrages nouveaux et anciens publiés dans le dépt.

Journal de Montbrison, publié par *Bernard*, impr. libr.
Précis historique et stat. du dépt. de la Loire, 1807, *H. Dulac.*
Annuaire statist. du dépt. de la Loire, 1809, *Dumombier.*
Essai statistique sur le dépt. de la Loire, 1818, *Duplessy.*

Imprimeurs en lettres. Boyer, r. de Foy, *Gonin*, r. du Marché,
Pichon, pl. de l'Hôtel-de-Ville, *Sauret*, r. de la Comédie, *Gaude-
let*, *Janin*, *Locard-Denoël.*
Imprimeurs-lithographes. Jourjon, r. de la Loire, Marnet, pl.
de l'Hôtel-de-Ville, D. Mottu et c., rue de Foy.
Afficheur, crieur public. Tavernier, rue Neuve.

Libraires. Boyer, r. de Foy.
Delarue, pl. Royale.
Janin, r. de Foy, *lect. des journ.*
   romans et nouv., com. en libr.
Ponston, pl. Marquise.
Johannet, pl. Royale.
Vuillet fr., r. Neuve, *relieurs.*
Radisson, r. de la Loire. *Nouv.*

Papetiers. Boyer, r. de Foy.
Chantelauze, r. Neuve.
Delaville, r. Saint-Louis.
Dumoulin, r. des Fossés.
Jourjon, r. de la Loire.
Marnet, pl. Hôtel-de-Ville.
D. Mottu et c., r. de Foy.
Labarthe, r. du Marché, *relieur*

Teneurs de livres à Saint-Etienne.

Bayol.	Delegue.	Michelin.	Rey.
Barbier.	Dugenne.	Mignot.	Rizer.
Berenger.	Fache.	Mure.	Tripot.
Casero.	Helfinbenn.	Oriol.	Tach.
Chabrillac.	Kleffer.	Pasteur.	Zantt.
Crozet.	Meynard.	Ponzio.	Wasbenter.

DEUXIÈME PARTIE. — *Bains, boulangers, épiciers, etc.*

Bains publics. Marteau, r. de la Croix ; Vouthier, r. St-André, qui tient des *bains portatifs* à domicile.

Les anciennes et les nouvelles *boucheries* appartiennent aux hospices. Le nombre des *bouchers* est de 34.

Bouchers aux nouvelles boucheries. Frecon, Canonier, P., B. et A. Bontemps, J. et C. Chauvain, Jacquet, Cendre-Masson, Desolme, Durand, Porte, Arnaud.

Aux anciennes boucheries. M. et P. Bajon, P. et Simon Bontemps, Cognard, Seve, Jér. Berger, Vᵉ Bony, Vᵉ Imbert, Gagne, Ch. M. et Vᵉ Cognet, Rapé, Lacaille, Frecon.

Marchands de grains et de farines.

On emploie particulièrement les *farines* venant de Lyon, du Puy, de Clermont et de Montbrison.

Il y a dans l'arrondissement plusieurs établissemens de *moulins à vapeur* ; les plus remarquables sont ceux de Rive-de-Gier et de la Badoulière près de Saint-Etienne ; M. de Soultrait vient de faire établir à Montbrison des *moulins à eau* perfectionnés ; ils sont régis par M. *Vachon.*

Audra, r. de la Bourse.
Battu-Berne, rue Saint-Louis.
A. Beraud, r. de la Loire.
Bonnet, rue Royale.
C. Bréas, pl. Grenette.
Chauvain, r. Saint-Roch.
Courbon, r. de Lyon.
Désarmeaux, r. Royale.
Faure p. et fils, r. Saint-Louis.
J. Giller, r. de Montaud.
A. Gillier, r. des Jardins.
Gerest fils et Rougier,   id.
Gerest fils, r. de Lyon.
B. Labret, r. de Lyon.

Mazenot, r. de Foy.
Montcoudiol, r. Neuve.
Montagnon, r. Neuve.
Morel, r. de Paris.
P. Pagis, pl. Grenette.
Peyron, r. de l'Ile.
Pierre-Fort, r. Violette.
Pigot, place Marengo.
Plotton aîné, r. de Foy.
Plotton cadet, pl. Roanelle.
Rigaud, r. Saint-Louis.
Rivolier, Boissieux, r. des Jardins
Sovignet, r. des Gris.
J. Vacher, pl. Grenette.

On compte à Saint-Étienne près de 100 boulangers, dont quelques-uns ont fait construire leurs fours, de manière à pouvoir se servir de la houille pour le chauffage.

Boulangers. Aout, r. de Lyon.
Arnaud-Martin, r. du Treuil.
Arnaud cadet, r. de la Croix.
Arnaud, r. Polignais.
Arsac, r. du Haut-Verney.
J. Baille, r. de la Croix.
Vᵉ Barralon, r. de Lyon.
Barbet, r. Saint-Louis.
A. Bastide, r. Valbenoîte.
Beraud-Varenne, pl. Chavanelle
Bernard, pl. du Marché.
A. Bernard, r. Saint-François.
Beaunier, r. Tarantaise.
Boyer, r. de Montaud.
Bouvard, r. Roanelle.
Besson-Chometon, r. Hôpital.
J. C. Besson, r. Neuve.
Boucharny, r. Saint-Roch.
Boucher, r. Saint-Louis.
Caire, r. Villedieu.
Vᵉ Caire, pl. Grenette.
E. Celle, r. Tarantaise.
Chabanne, grande rue St-Roch.
Chanu, r. de Lyon.
Chanu, r. de Montaud.
Chapuis, grande rue du Treuil.
Chenevier, rue de la Loire.
Chovi, rue Valbenoîte.
Chavart, rue Neuve.
Chenet, r. du Puy.
Clavier, r. de la Pareille.
Clavier, r. de Roanne.
Coignet; Corron, r. de Lyon.
Crozier, place aux Bœufs.
Crozier, rue du Puy.
Deguillaume, rue Polignais.
J. B. Desorme, pl. Roanelle.
Devun, pl. Sainte-Barbe.
Fayet fils, Grande-Rue.
Figuet, rue Ch. de Valbenoîte.
Fontanès, r. du Treuil.
Cl. Fournel, r. Saint-André.
Gagnère, rue Mi-Carême.
A. Garnier, rue Saint-François.
Garnier-Javelle, r. de Roanne.
J. Garnier, r. Polignais.
Louis Gaillard, r. du Puy.

Gattet, r. des Prêtres.
J. B. Gaucher, pl. Notre-Dame.
Gaucher, place Polignais.
Gislon, r. d'Annonay.
J. P. Gonon, rue Neuve.
Gourmand, r. Royale.
Jacon-Médard, rue Boulevard.
F. Jamet, rue Passerat.
Javelle, grande rue St-Roch.
Johanin, rue du Puy.
P. Joly, rue de Lyon.
Laval, rue Froide et r. de Lyon.
Laurent, grande rue St-Roch.
Limouzin, r. de la Mulatière.
J. B. Malescour, r. Valbenoîte.
Mannevi, r. de l'Hôpital.
J. Martin, r. des Jardins.
Marcy, à la Monta.
Martin, rue Froide.
Masson-Faure, rue Notre-Dame.
Masson-Venet, rue Valbenoîte.
Cl. Menu, rue de Lyon.
Mérignieux, place Royale.
J. P. Odet, rue Saint-Jean.
Odier, rue de Montaud.
Ollier, place Marquise.
Paret-Michel, rue de la Vierge
J. B. Plait, rue de la Loire.
J. Fr. Poméon, rue Roanelle.
Pomier, rue Tarantaise.
Cl. Patavi, rue du Mont-d'Or.
Raymond, rue Neuve.
Cl. Rivolier, rue de Lyon.
Savoie, rue du Marché.
Séjalon, place Chavanelle.
Séjalon, au Bas-Verney.
E. Soulier, place Roanelle.
C. Tardy, rue de Paris.
Tabardel, rue de Lyon.
Teissier, rue des Jardins.
J. Treillant, rue Roanelle.
Valentin, r. Ch. de Valbenoîte.
Valette, rue du Treuil.
Valette, place Marengo.
Vaucanson, rue Neyron.
Cl. Vaucanson, rue Polignais.
P. Viallon, rue Boulevard.

Pâtissiers. Baralier, rue Neuve.
Belly, rue de la Ville.
Blanc, place Royale.
Chabran, rue de la Comédie.
Dorieux, rue de Foy.
Marcoux, rue de la Ville.
Minjard, rue de Foy.
Payarola, pl. Hôtel-de-Ville.
Rave; Viricel, rue Saint-Louis.
Vejetin, rue de Foy.

Confiseurs. Aufray, r. St-Louis.
Buraud-Fontvieille, id.
Guitard; Ronzy, rue de Foy.
Henry-Font, place Royale.
Neel, place du Marché.
Neyret, place Royale.
Randin, rue de la Loire.
Robin, rue de la Comédie.
Romeyer, fr., r. Neuve.
Tieu, place du Marché.

Charcutiers.

Audrilla, rue du Grand-Moulin.
Benoît, grande rue du Treuil.
Bibost, Grande-Rue.
Blajot, rue Saint-Jacques.
Bourjeat, rue de Lyon.
Chorel, rue de Lyon.

Durand, rue Sainte-Catherine.
Epervier, grande rue du Treuil.
Frappa, rue de la Croix.
Hugues Pascal, rue de la Ville.
J. A. Pascal, rue de Foy.
Pascal, rue Saint-Louis.

Epiciers en gros. A. Desgaches, *rue de Foy*; Courbon-Lyonnet, *rue des Jardins*; le fils et le gendre de J.-B. Millan; Masson, gér., *rue du Treuil*; Sylvent, place de l'Hôtel-de-Ville.

Epiciers, droguistes, en détail.

Beau, rue Mi-Carême.
Berne, rue des Fossés.
Cécile Bourgeat, rue Saint-Louis.
Ph. Bernier, rue de Lyon.
Noel Brunon, rue de la Vierge.
Caillet, rue de Lyon.
A. Chadey, rue de l'Hôpital.
Vᵉ Chambovet, rue Valbenoîte
Chavanne, rue Saint-Roch.
Clavier-Boulanger, r. de Roanne
Coignet, place Royale.
Cordonnier, r. du Haut-Verney.
Couillard, place Notre-Dame.
Cunit aîné, place Royale.
A. Denis, rue du Haut-Verney.
Dormand, rue de la Ville.
Doron-Roche, rue du Treuil.
Vᵉ Drevet, rue de la Loire.
Ducoin, rue Roanelle.
Dupuy, rue Boulevard.
B. Faure, rue Roanelle.
Faure-Martin, rue du Treuil.
Vᵉ Fontvieille, rue de Lyon.
Fontvieille-Peyre, rue St-Louis.
Fontvieille-Morin, r. de Roanne.
Fontvieille père, rue Boulevard.

Fontvieille, place Polignais.
Galley, rue Valbenoite.
Dlle Gauthier, rue Roanelle.
Gendre, place Hôtel-de-Ville.
Gilibert-Chaleyer, r. de la Vierge
Giron, rue Saint-Roch.
Granjon, rue Valbenoite.
Rousse-Grégoire, rue de Foy.
Charles-Harmet, rue Neuve.
Dlle Heyraud, rue de Foy.
Vᵉ Julien, place Royale.
Jourjon, rue Basse-Ville.
Meisel, rue de la Loire.
Millet-Dubreul, pl. Hôtel-de Ville
dépôt de glaces, papiers peints.
Noir, place Notre-Dame.
Poyet, rue Saint-Roch.
Perrotin-Vaché, rue de l'Hôpital
Plotton, rue Roanelle.
Ravel, place Royale.
Ravel, rue de Roanne.
Ruilière, rue Boulevard.
B. Sapy, aux Trois-Coins.
Sylvestre, rue de la Bourse.
Targe-Raverole, place Royale.
Vial, rue de Foy. *Pap. peints.*

Entrepôt de drogueries et épiceries, St-Jogand, rue Royale, 4.

Bastide fr., place Royale.
Couturier p., r. St-Louis. *Drog.*
Couturier fils, rue de Lyon.
Dallet, place Royale.
Garnier-Martinet, rue de Foy.

Laforest, rue de la Ville.
Maurel, place Royale.
Offray, rue du Grand-Moulin.
Suc, place de l'Hôtel-de-Ville.
Dentiste. Marty, r. de Foy.

HÔTELS. *du Nord,* pl. du Marché.
de l'Europe. r. de Foy et Coméd
des Courriers, r. de la Comédie.
de la Poste, rue Saint-Jacques.
de la Paix, rue de Lyon.
du Cheval blanc, rue des Fossés.
du Midi, rue de Lyon.
du Grand-Gonnet, r. de Roanne
du Chapeau rouge, rue de Lyon.
du Forez, r. de Roanne p. Royale
du Lyon d'Or, rue de la Loire.
des Arts, rue Saint-Louis.
de Provence, rue d'Annonay.

Traiteurs. Prat, rue de Paris.
Aubert; Bal, rue de Foy.
Bonfils, rue de la Comédie.
Rouclet, rue de la Bourse.
Berger, rue Saint-André.
Cote, rue Mi-Carême.
Desjoyaux, rue Neuve.
Desjoyaux, rue Ste-Catherine.
Dorieux, rue de Foy.
Giraud, rue de la Comédie.
Auberg. Vigroux, rue Royale.
Mantran, rue Tarantaise.
Mathic, place Grenette.

Marchands de vins en gros.
Alibert, rue d'Annonay.
Ballofet, pl. Hôtel-de-Ville.
Bernard, rue Froide.
Bonnet, place de l'Hôt.-de-Ville.
V. Juvantin, place Royale.
Jutier, place de l'Hôtel-de-Ville.
Liotier, à la Monta.
Palandre, rue de Lyon.
Petzy, Granchamp, à la Monta.
Rivolier, Boissieux, r. des Jardins
Phily, place Royale, *liquoriste.*

Cafetiers, limonadiers.
Bachelier, rue Grand-Moulin.
Besset, place Royale.
Bianchi et c., rue de Foy.
Caveing, place Royale.
Drevon, rue de Foy.
Gras, place de l'Hôtel-de-Ville.
Grellet, place du Marché.
Journel, place Marengo.
Lacour, place du Marché.
Lustic, rue d'Annonay.
Reynaud, pl. de l'Hôtel-de-Ville.

Brasseries de bière. Dussuel, *à Saint-Roch;* Journel, V. Chovau, Dussuel, Marguerat, *à la Badoulière;* Gassner, rue de la Bourse.

TROISIÈME PARTIE. — *Merciers, tailleurs, chapeliers, orfèvres.*

Merciers, lingers, toiliers, rouenniers.
Abréal-Malassagny, pl. Royale.
Ancel, rue de Lyon.
Audiard père, rue Froide.
Aulagner, rue de la Bourse.
M. Badinand, rue Froide.
C. Badoil, pl. Royale. *Nouv.*
Dlles Badinand, rue de Lyon.
Balp-Rabery, rue Froide.
Barnola, rue de Foy.   *Bas.*
Bongrand, rue de la Vierge.
Berger fils, rue de Lyon.
Berger, rue Mercière.
M. Boisson, r. de la Loire. *Gros.*

Bourlier, rue Saint-François.
Canonier-Fraisse, rue Froide.
Carra et c., r. de la Comédie. *N.*
Chabat-Beraud, r. de Lyon.
Claire-Perrin, rue de Lyon.
Vᵉ Cognet, rue du Jeu-de-l'Arc.
Coulange fils, rue de Lyon.
Coutagne-Delorme, rue de Foy.
P. Descombes, rue Saint-Louis.
Duclauzel, rue Mi-Carême.
Esparron, rue Froide.
Fayolle-Berthiot, rue de la Ville
Dlle Fraisse, rue Froide.

Frécon-Cizeron, r. Notre-Dame.
Gallot-Bador, rue Raisin.
Gillier, rue de la Ville.
Girardot-Thierry, rue Froide.
Guinard p. et f., r. Neuve. *Drap.*
Grau fr., r. de Foy.   *Bas.*
Jarrey, place Grenette.
Lavialle-Cognet, place Royale.
Maisonneuve, place Royale.
Marcelin-David, rue de Lyon.
Martin-Chol, rue de la Bourse.
V. Marcelin, rue   *id.*
Dlle Méjasson-Dupin, r. Neuve.
And. Meunier, rue de la Ville.
V. Menu, rue Mercière.
J. B. Meunier, pl. Boulevard.
Michel-Gomy, rue de la Croix.
Ve Michel, r. Gr. Moulin. *Nouv.*
J. B. Monnier, p. et f., r. Froide.
Montagny-Chatagner, r. Hôpital.

Ve Mulher, Grande-Rue.
Penel-Carrot, rue de la Ville.
Pignatel-Terra, r. de la Croix.
Ve Pinmartin, rue St Jacques.
Ponston, rue de la Ville.
Dlle Ravel, rue de la Ville.
Remilieux-Derne, r. de la Ville.
Rouchou, rue Neuve.
Renard, rue de Lyon.
Reynaud, rue Mercière.
Roussel-Gimarest, rue Neuve.
Sapy, rue de la Bourse.
J. Siauve, rue de la Ville.
Sourigère, rue Froide.
R. Taravillier, rue de la Ville.
Taravillier-Albert, r. de la Bourse
Tranchand fils, r.   *id.*
Ve Varenne, rue de Lyon.
Vignon, Paradis, Gambès, r. St-
Louis.   *Nouveautés.*

March., quinc. et merciers.
J. Anglade, rue de Foy.
Anglade; Chavanton, r. de Foy.
Joséphine Bal, place Royale.
Bianchi, r. de Foy.   *Opticien.*
Victor Bisson, pl. du Marché.
Cédié aîné, place Royale.
P. D. Cédié, rue de Foy.
David-Barbelet, place Royale.
Desmeurs et c., place Royale.
Graffignac, rue de Foy.
Espri-Faure, rue de Lyon.
Moussy, r. de Lyon. *Balancier.*
Prat-André, rue de Foy.
Plasse, rue de la Loire.

Drapiers, J. Faivre, pl. Royale.
Mayer et Lévyt, place Royale.
Tailleurs. Barbier, place Royale.
Berthet, rue Saint-François.
Blanchard, rue de Lyon.
Faure, rue du Chambon.
Granger, rue Saint-Jacques.
Granger, place Royale.
Michel, rue Saint-Louis.
Ravel, rue Saint-Jacques.
Royet, rue Neuve.
Dégraisseurs, *décat.*
Dufieu, rue de Foy.
Hermann, rue de Lyon.
Siant, r. Ste-Catherine.

Tanneurs. Meyrieux, Soviche, *rue Saint-Louis* ; Meunier, *rue des Fossés.* — *Corroyeurs.* Garapon, *rue de la Loire* ; Nova, *rue Saint-Pierre. March. de parapluies.* Doly, pl. Royale.

Cordonniers. Cellard, Gr. Rue.
Bouthéon; Carron, r. de la Loire.
Dupin, rue de la Croix.
Dufour, rue de la Comédie.
Feuilly, François, rue Froide.
Garnier, rue Valbenoîte.
Lafey, P. Montet, rue Froide.
Sanial, rue Saint-Louis.
Matricon, rue Neuve.
Paulet, place Royale.
Tavernier, rue Sainte-Catherine.
Talobre, rue des Jardins.

Magasins de modes et nouv.
Bonnardot-Terrasson, r. St-Louis.
Dard, place Royale.
Devun, rue de Foy.
Girardin, pl. de l'Hôtel-de-Ville.
Gonin-Borsetty, rue de Foy.
Hospital-Reiff, rue de la Loire.
Savel, rue de Foy.
Lingerie. Duplomb, rue Neuve.
Menu, rue de la Bourse.
Echalier, rue Neuve.
Troyet, rue Froide.

Tapissier, fabric. de gallons pour meubles. Léger, pl. Marengo.

Chapeliers. Coron A. Gr. Rue.
Coron cadet, pl. Boulevard.
Chessac ; Pothin , rue Neuve.
Dussuc et c, , Grande-Rue.
Gras, rue de Foy.
Imbert, rue de Lyon.
Lacour, rue Boulevard.
Lornage , rue de la Ville.
Manigler, place du Marché.
Maugé, rue de la Ville.
Michel-Coulo , rue Neuve.
Roche-Boiron , rue de la Ville.

Horlogers. Augier , rue de Foy.
Bertholat, place Royale.
Chovin père , place Royale.
Chovin fils , pl. Hôtel-de-Ville.
Chassing , rue de la Ville.
Maizier , rue de Lyon.
Meulet a.; Meulet c., rue de Foy.
Mort , place du Marché.
Orfèvres. Buisson , rue Froide.
Fillion , Julien , rue Froide.
Magnin; Perrin; Thevenot, p. Ro-
yale. Passebois, rue de Foy.

4ᵐᵉ PARTIE, ENTREPRENEURS DE BATIMENS, ARCHITECTES.

Entrepreneurs de bâtimens.
Berthon , r. du Treuil.
Blanchard , r. de la Bourse.
Brunon , r. de l'Ile.
Casero , pl. Marengo.
P. Dauphin , r. Saint-François.
B. Fossonne , r. Tarantaise.
D. Gaillardin , pl. St-Charles.
Toraille f. , r. Palais-de-Justice.
Plâtriers. Caristie , r. Neuve.
Ferraris, *Mallet* , Demeure, id.
Moutel et Grobert, r. St-Pierre.
Perian , r. de la Bourse.
Sceti , r. Valbenoîte.
Sceti , r. Neuve.

Architectes. Crépu, r. de la Loire.
Gay , r. de la Paix.
Holstein , *à Montaud.*
Charnal , r. de la Loire.
Mésonniat, r. Saint-Louis.
Misson, r. des Jardins.
Pail , r. Gérentet.
Viot , r. de Lodi.
Géomètres arpenteurs.
Alloy, r. de la Ville.
Brun, insp. des ch. vic., r. St-Louis.
Fabre, *ingén. civ.* , r. de Paris.
Milliet, *ing. civil, dir. de mines.*
Plasse, géo.-Voyer, r. des Jardins.
Raymond, r. de Paris. Vachia.

Marchands de bois. Delorme, Marcoux, *pl. Marengo ;* Tiblier-
Verne, *à la Monta ;* Eyraud-Chollet, *au Sablier ;* Favier, Matri-
con, Patouillard, Ravel, Tardy-Descos, pl. Chavanelle.
Fours à chaux. Faure, *à la Badoulière ;* Giraud, *à la Terrasse.*

Extracteurs de pierres.
Blanchon , *r. de Tardy.*
B.-Creve , *au Coin.*
Desjoyaux, *la Pareille, le Treuil.*
Jacasson, oncle et n. *r. Tarant.*
Lacombe, Lacroze, *au Clapier.*
Paret et Cᵉ , *au Clapier.*
J. Soubre, *à la Monta.*
Valette, *Croix-des-Missions.*
Marbriers. André, r. Micarême.
Barbier; *Jamot*, r. de la Loire.
Fontaine, r. de la Bourse.
Lamotte, r. de Lille.

Charpentiers, menuisiers.
Bernard-Lyonnet, r. Chambon.
J. Bertrand, r. des Jardins.
Besson ; *Gachet*, r. de la Croix.
Blanchard, pl. Chavanelle.
Carteron, r. des Fossés.
Chabany ; Sagnol, p. St-Charles.
Chagnat, r. n. Boucheries.
Dupuy, r. de la Loire.
Gallet, r. Villedieu.
Legat, r. Passerat.
J. Masclet, r. des Deux-Amis.
Senechal, r. Saint-Paul.

Peintres-décorateurs. Balan, r. Royale ; Chabanel, r. Neuve.

Tuileries, briqueteries. Pleney, à Tardy. *Machine à fabriquer les briques.* Berthon, Prat, *à la Monta ;* Chabanne, *à Val-*

benotte; Lebeau, Bothon, Roussel-Daniel, *d la Badoulière;* Lainé, fr. Prat, *d Montaud.*

Ferblantiers, lampistes.
Blanchet, Grande-Rue.
Carrère, r. de la Ville.
Clermont, pl. Grenette.
Gilibert, r. de la Bourse.
Lefebvre, r. de Paris.
Rigaud, r. de la Bourse.
Rodier, r. Neuve.
Vachon, r. de Lyon.

Ebénistes, fab. de meubles.
Berne, Rivoire, Chanteur, *pl. de l'hôtel de-Ville*
Bonnefoy, *d la Richalandière.*
Tranchard, *r. St-Louis.*
Tourneurs sur bois, Mayet.
Champagnac fr., r. Valbenolte.
Sur métaux, Mathieu, Becotte.
Fraisse; Peyron, *r. de l'Hôpital.*

Chaudronniers : Dupré; Valin, r. d'Annonay, Lardet, r. St-Jacques; *Potiers d'Etain :* Gras, Bérenger, r. St-Louis.

Vitriers : Aubert, r. Neuve.
Chatillon, r. Roanelle, r. Froide.
Cacarié, r. du Grand-Moulin.
Vital-Pastourel, Grande-Rue.
Tarens, r. Violette.
Buet, Grande-Rue.
Gadola, *m*ᵈ. *d'estampes,* r. Neuve.

*M*ᵈˢ *de verres et de cristaux.*
Jacod, r. St-Louis; Eyraud, place Royale, Pelletier, r. de Foy.
Plasson fr., r. St-Jacques.
Cordiers : Rey, r. de Roanne.
Waas, r. d'Annonay.
Frappa, à la Monta.

5ᵐᵉ PARTIE. DILIGENCES, VOITURES PUBL., ROULAGE, etc.

LYON. *Diligences du chemin de fer.* Comp° Seguin, bureau et départ à la Monta, deux fois par jour en été, une fois en hiver; dans trois espèces de voitures; berlines suspendues, omnibus et chars à banc. — *Poste aux chevaux.* Crépet, r. du Grand-Moulin.

Diligences de commerce. et fourgons en poste pour *Lyon,* de Baudraud, Cognet et Comp°, *pl. Royale.* Roulage pour tous pays.

Diligences de Lyon à Bordeaux par St-Etienne de *Guillard fr. et Pénicaut.* Comm. de roulage pour tous pays, *pl. du Marché.*

Courrier de Lyon, tous les j. à 2 h., chez Crépet, r. Gr-Moulin.

ROANNE. *Diligences par le chemin de fer.* Comp° Mellet et Henri, partant tous les jours, pl. de l'Hôtel-de-Ville.

Voiture du courrier de Roanne, chez Crépet, à 9 h. du soir.

VALENCE, PAR ANNONAY. Diligence de *Gorrand j.* (fourg. en poste p. Lyon; roulage p. tous pays.) tous les j.; pl. de l'Hôtel-de-Ville.

Voiture pour Annonay, t. les j. *Loy Léonard,* p. du Marché.

CLERMONT. Dilig. de *Saurel fr.,* pl. Hôtel-de-Ville; roulage pour tous pays, fourg., accélérés pour Clermont, Paris, Bordeaux.

MONTBRISON. Dilig. par le chemin de fer, tous les j. chez Saurel, fr., Gorrand j., pl. Hôtel-de-Ville et Crépet, r. Grand-Moulin.

ST-BONNET-LE-CHATEAU. Par le chemin de fer; *Saurel fr.,* tous les j.

LE PUY. *Dilig.* tous les jours, 7 h. ¹/₂ du matin, *Gorrand j.*

L. *Thiers et* Comp°, r. St-Catherine; fourg. pour Paris, Lyon, service régulier pour Aubenas et Privas.

Gerest et Rougier, r. des Jardins, *comm. de roulage p. tous pays,* fourg., accélérés p. Paris, Clermont, Lyon, Bordeaux.

Selliers et c. : Duplay, Marcodier, Morelle, Morin, Fargeou.

Vétérinaire. Noiraud. *March. de chevaux.* Blanchard, Forissier.

TABLE
DES MATIÈRES.

La *Revue Industrielle* de l'arrondissement de Saint-Etienne paraîtra tous les ans; l'éditeur prie les personnes qui auraient quelques notes ou rectifications à y faire insérer, de vouloir bien les lui faire parvenir avant la fin du mois de septembre de chaque année.

www.ingramcontent.com/pod-product-compliance
Lightning Source LLC
Chambersburg PA
CBHW071458200326
41519CB00019B/5787